欣梦享
ENJOY LIVING

今天吃什么?

养菌生活

夏梦 著

天津出版传媒集团

天津科学技术出版社

图书在版编目（CIP）数据

养菌生活 / 夏梦著 .-- 天津：天津科学技术出版
社 , 2023.8

ISBN 978-7-5742-1445-3

Ⅰ.①养… Ⅱ.①夏… Ⅲ.①肠道细菌—普及读物
Ⅳ.① Q939.121-49

中国国家版本馆 CIP 数据核字 (2023) 第 145979 号

养菌生活
YANGJUN SHENGHUO

责任编辑：孟祥刚
责任印刷：兰　毅

出　　版： 天津出版传媒集团
　　　　　 天津科学技术出版社
地　　址：天津市西康路 35 号
邮　　编：300051
电　　话：（022）23332490
网　　址：www.tjkjcbs.com.cn
发　　行：新华书店经销
印　　刷：三河市兴博印务有限公司

开本 710×1000　1/32　印张 7.5　字数 103 000
2023 年 8 月第 1 版第 1 次印刷
定价：59.00 元

目
录

第三部分　饮食篇

气虚体质：疲劳气短的人

第七章 | 怎样养菌更有效

序言
一起成为健脾、养菌达人吧

自二十岁正式行医以来，时间倏忽而过，光阴荏苒间，二十三个年头过去了。

我自幼跟随姥姥学习中医家学，大学时期学习临床医学，硕士时期在北京中医药大学国医堂研习，博士时期在中央民族大学学习少数民族医学。跟随那么多国医大师、知名老中医出诊和学习，让我感受到中医文化的博大精深，古代医者的过人智慧、以身试药的奉献精神，以及医者的仁爱之心。

这期间，诊治了几十万名患者，开出了上百万服药方，看见了太多人在疾病面前的无助和悔恨，也被很多患者的坚强、乐观鼓舞到，更被无数痊愈的患者的笑容温暖到。尤其喜欢那些抱着宝宝回来看我的患者——帮她们调理身体，成功孕育新生命是我的骄傲。每次看见"百子墙"，我都从心底满溢出浓浓的幸福感。

当然，也见识了很多疑难杂症。

昨天，付姐又来了。她第一次来是在三个月前，满胳膊和满手背上长着非常严重的结节性痒疹。我判断她的肠道也有病灶，一检查，果然有肠道息肉。经过中药调理和现代医学的治疗手段相互配合治疗，她昨天来的时候胳膊上的皮肤已经非常光滑，仅剩手背上还有一块铜钱大小的痒疹了。

还有一位演员朋友，由于拍戏时经常作息毫无规律，连着拍夜戏，再加上她本来就心事重，个性要强，长期睡眠不好，终于演变成重度失眠。我判断她应该伴随顽固性便秘，果不其然。经过连续的治疗，她如今大便畅通，已经能睡整夜觉了。

还有太多的人因为饮食习惯不好，无辣不欢、无肉不欢，引起肥胖、便秘、腹泻；还有一些爱美的女性朋友，有的脱发，有的长痘，有的长斑，有的过敏……这些看似"不要命"的病，却频繁地攻击越来越多的人，就像鲸鱼身上的藤壶一样，有一个两个没关系，一天两天也没事，但总有一天，即使是巨大的鲸鱼也被吸附满身的藤壶折磨得十分虚弱，甚至死亡。

我越来越发现，这些不同的病症，虽然病机不一样，但归根到底，都是由脾虚引起的。甚至可以说，脾虚为万病之源。

脾是我们的后天之本，是我们体内营养物质的"运输队长"，是让我们肌肉更有力量的"千斤顶"，也是让我们血气充盈的"美容院"，脾比起其他器官可能经常被我们忽视，但它却默默地承载着我们身体各部位的健康。

中医所说的"脾气"囊括了身体健康的关键环节和器官，一旦出现脾气虚，衰老和疾病都会接踵而至。

因为大学时学的是临床医学，对很多现代医学的治疗手段比较了解，我在临床中经常使用中西医结合的方法，利用现代医学的化验、检测等便利工具，更好地为中医治疗服务。因此，我一直在关注学习现代医学，从十几年前就被一个领域的研究吸引，那就是肠道菌群。

肠道菌群对人体的影响超乎我们的想象。肠道菌群不仅影响我们的情绪、健康、代谢、免疫等，还在很大程度上决定我们是胖还是瘦，是精力充沛还是疲惫无力。肠道甚至被称为人体的第二大脑，"一切疾病源于肠道"被越来越多的人认可。

我上述所说的那些病例，皮肤病、抑郁症、失眠、肥胖、便秘、腹泻、长痘、长斑、过敏等，也都能从肠道菌群中找到致病根本。

这说明什么？我不禁开始思考，肠道菌群对人体健康的影响，和脾对人体健康的影响，是不谋而合、异曲同工的。

造成肠道菌群失调，有益菌减少，有害菌增加，最直接的原因是饮食无节制、不健康，而脾虚的最主要原因也是如此。

我们的肠道是很有意思的，不同的温度、不同的环境，适合不同的菌群存活生长。如果经常吃辛辣刺激、大鱼大肉之类的食物，肠胃里就会产生湿热，有些菌群不喜欢湿热，就不在你的肠道里待着了，就走了，而剩下的菌群就是喜欢湿热的菌群，它们大量繁殖，于是造成便秘。从中医角度来看，生了湿热之后，脾难以运化，淤结堆积，容易引起便秘。

反过来也成立。脾强健了，人体的内环境健康了，肠道菌群也会健康平衡。

经常有人说，为什么我吃益生菌有依赖性呢，吃的时候效果很好，可是停止服用之后，很快就又便秘或腹泻了。原因很简单，益生菌在你的肠道里没有安家落户，就好像请了一批人帮你干活，活儿干完了，人家走了，并没有留下来，是一个道理。

它们为什么不愿意留下来呢？因为环境不好，不适合它们繁衍生息。此时更需要的是健脾祛湿。脾强健了，人体的内环境变好了，这些益生菌也就愿意成为你肠道里的"常住民"了。

这也是我写作这本书的初衷，希望通过健脾的方法，让我们的内环境变得更健康，从而让我们的肠道菌群更加健康平衡，这样的养菌才能真正有效。

不管是健脾，还是养菌，最好实施也最行之有效的办法，无疑是健康饮食。因此我根据五种不同体质的人，准备了不同的食谱。每一道食谱我都亲自做了多次，调配分量，搭配营养，可放心使用。

接下来，一边享受美食，一边成为健脾、养菌达人吧！

让我们一起变得更年轻、更健康、更快乐！

第一部分

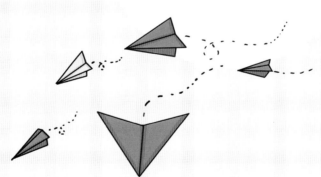

菌群篇

第一章

肠道菌群，
你的"真命天菌"

注意啦

"屁股"指挥"大脑"是真的吗

估计不少人有这样的经历,在一场很重要的考试前,或一场重要的谈判前,或者一场准备已久的公开演讲前,突然小腹一痛,想上厕所,而且忍不了,哪怕很多人在等,也要跑去厕所解决。还有受到惊吓,或者大哭一场后,会莫名感到胃部难受。

这是为什么呢?

希波克拉底早在 2000 多年前就给出了答案:"一切疾病源于肠道。"

科学家们也通过不断的研究发现,肠道和大脑之间的亲密关系是双向的:正如大脑能够给胃部传递信息一样,肠胃也可以延迟其对于神经系统的平静或兴奋作用。

也就是说,肠道的作用在很长一段时间里都被低估了。它其实和我们的健康息息相关,甚至像大脑一样,管理并影响着其他身体部位的健康。

如果把人体比作一个城市,肠道就是这个城市中的"加油站""健身房"和"排污站"。对于"排污站"这个比喻,很多人都能理解,毕竟吃进去的食物经消化、吸收后,剩下的残渣都要通过肠道排出体外。

其实,这仅仅是肠道的"副业"而已。那么肠道的"主业"是什么呢?最近的研究发现,肠道中存在着难以计数的神经细胞,不仅调节肌肉、免疫细胞和激素,还操控着更为重要的生理活动——因此,肠道也被称为人体的"第二大脑"。

肠道为什么这么厉害呢？其实不是肠道本身厉害，而是肠道之中的微生物们厉害，甚至可以用"超级英雄"来形容它们，它们数量庞大，超过35000种；它们的质量有1.3 ～ 1.8千克，这基本和大脑的质量相等。它们被统称为肠道菌群，被视为人体的一种器官，对健康的重要程度等同于心、肺、大脑等。

尽管当前还没有哪种单一的测试能够准确地判断肠道菌群的状态，但可以确定的是，你的肠道里正在发生的一切，决定了你的健康情况，以及可能患各种神经疾病的风险。

让人感到震惊的是，肠道菌群和人体的免疫系统、神经系统、循环系统、内分泌系统，甚至精神、情感都息息相关。它会影响我们的情绪、代谢、免疫等，还会在很大程度上决定我们是胖还是瘦，是精力充沛还是疲惫无力。

也就是说，**我们身体的健康和情感的感受，与身心健康相关的一切，都跟肠道菌群息息相关。**

所以，"屁股"指挥"大脑"是真的吗？

很形象，但不尽然。

近期的研究表明，肠道菌群是身体"守门员"和"司令部"，它不能指挥大脑，但会履行"第二大脑"的职责，在不借助大脑指令或辅助的条件下帮助人体调控许多功能，和大脑一起守护我们的健康。

不要认为肠道只是一个消化器官

肠道的实力不容小觑，这一点已经毋庸置疑了。但即便如此，很多人还是难以置信，盘踞在我们肚子里的大、小肠，除了让我们腹部鼓鼓的，让小肚子成为减肥困难区之外，怎么就"逆袭"成第二大脑了呢？

处理残渣废物的"下水道"，怎么就一跃成为和大脑并驾齐驱的"上层名流"了呢？它是如何实现"阶层跨越"的？要是用人生比喻，这也太励志了吧！

其实很好理解，对于我们学医的人来说，更是一张人体腹部解剖图就说明白了。通过解剖图，我们会发现人体的腹腔大部分空间都被肠道占据。记得小时候一到冬天，父母就会在家里做血肠。那时候，我总觉得猪的肠子可真长啊！事实上，我们人类的肠道也不短。一个正常的成年人，小肠的长度是 4 ~ 6 米，大肠的长度也有 1.5 米。如果把肠道展开，它的表面积更可怕。有人曾经算过，把小肠内壁拉平，其面积约为一个网球场那么大（约 200 平方米）。

如此巨大的面积，当然不是白白长着玩的。小肠内的环状襞、绒毛比较丰富，能够最大限度地消化吸收食物的营养成分，效率之高让人感到惊讶。我们吃下去的食物，小肠能够在 1 ~ 2 小时就代谢完毕，并将废弃物排向下一个部门——大肠。

大肠也非常厉害，绝对是节约能源的一把好手，坚守在食物残渣排出体内的最后一关，却仍然能在食物残渣中找到对人体有益的水分、维生素和无机盐。大肠收到的是垃圾，吸收的却是精华。那么，大肠是怎么做到变废为宝的呢？因为它是人体中含有微生物数量和种类最多的器官，其中约 1/3 都是微生物。

所以，不要认为肠道只是一个消化器官，肠道中的微生物与人体构成了一个巨大而又复杂的微生态系统——肠道微生态系统。

在这个微生态系统中，微生物的种类繁多，有好有坏，各司其职，仿佛一个人体内的小世界，终日有序地运转着。

对于肠道中的微生物，人类至今也并不熟悉，不仅其中 99% 以上的细菌无法在实验室中培养，甚至连它们都有谁、分配比例如何、负责什么工作等都尚未知晓。只是模糊地判断出，一些细菌是世代传承的永久居住者，它们会形成持久存在的菌落。还有一些细菌只是过客，它们只短暂地存在，但即便如此，它们也会发挥着重要作用。

这些微生物在肠道中生生不息，既分泌一些对人体有好处的营养物质，也会在肠道环境中汲取能够让其繁殖的营养成分，参与人体这部精密繁杂机器的运转，并掌管着我们的健康状况。

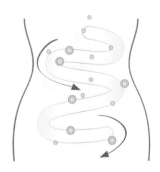

第 二 部 分

健康篇

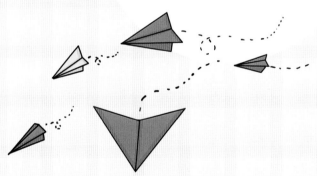

第二章

肠道菌群失调的
常见症状

肥胖

三四年前，我由于年龄的问题，再加上工作繁忙，生活上也有一些变化，使得身体像吹了气一样，以每年 10 千克的速度飞快地增长起来，所以很想聊一聊关于减肥的话题。

大部分人想减肥，是缘于爱美之心。其实在我看来，肥胖引发的健康问题更值得关注。很多女性朋友为了变瘦，通过节食减肥，更有甚者盲目使用药物减肥，很容易干扰女性内分泌，引起排卵异常，导致卵巢早衰，形成了一个怪现象，反复减肥、越减越肥，又或者是减肥成功但并不美丽。最委屈的是：即使减肥也不一定瘦！很多时候往往适得其反。

于是我开始反思，开始研究，开始总结，开始查阅一切关于中医学的、现代医学的、中国的、外国的资料。我希望我的每一个患者，以及我自己，都快乐，健康，苗条，彻底告别身材焦虑的烦恼。少吃

饭真的有实质意义吗？真的可以让我们更健康吗？可以减肥吗？我们真的要每顿饭都计算热量，来战战兢兢地生活吗？即便如此，就能真的获得健康、苗条和美丽吗？

经过了几个月的苦苦思考，我一绺头发都变白了，终于开始落笔写下这本书，希望通过肠道菌群和中医相结合的方法，找到健康的减肥之法。

菌群解答：厚壁菌增加，拟杆菌减少

首先，我们从肠道菌群的角度来看肥胖的原因。

经研究，体重正常的人和肥胖的人肠道菌群组成有着非常大的差异，肥胖人群的厚壁菌超出正常值20％，而拟杆菌则减少了接近90％，并且缺乏菌群多样性。

厚壁菌和拟杆菌是什么菌？没错，我愿分别称之为"肥胖菌"和"瘦子菌"，它们也确实被视作一种肥胖生物标志物。

这两种与肥胖有关的"卧龙"和"凤雏"到底是何方神圣呢？它们的家族非常庞大，占据了我们肠道菌群的90%以上，它们的相对多少与肥胖、糖尿病、冠状动脉疾病和炎症直接相关。

其中"厚壁菌"最爱干的事，就是帮助人体从食物里摄取热量，可以增加热量的吸收；而"拟杆菌"，则专注于将庞大的植物淀粉和纤维分解成较短的脂肪分子，令这些能量能被身体利用。

总之，如果它们的数量失衡，就会让我们变得越来越胖。

中医分析：体内痰湿堆积

其次，从中医角度来讲，肥胖的原因和肠道菌群失调不谋而合。中医认为，运化循环减慢，身体内痰湿堆积，人就变得肥胖了。

其实我们人体就像大自然一样，有自己的循环周天，就如春夏秋冬，日出和月落，而脂肪细胞也是如此，有它们的高潮和低谷。

当脂肪堆积在体内，越积越多，慢慢地人就变得肥胖了。就像是一堆湿木头，是很难点燃的，如果我们还在不停地往这堆潮湿的木头上堆放废弃物，它们会变得更潮湿，逐渐腐朽。在这种状态下，你摄入的任何食物，该吃的不该吃的都会像这堆木头一样无法运化，体内的垃圾越积越多，于是百病丛生。

解决之道：祛痰湿

治标的方法很快，就是补充益生菌，改变菌群结构，改善肠道环境。

治本呢，就要祛痰湿。我有一位患者就是典型的痰湿体质，每年因为体重的事没少烦闷，胖了减，减了又胖，循环往复。前段时间，我给她尝试调整体内菌群，一个月后，她就轻轻松松瘦了几千克。

祛湿黄金三要素

1. 三低饮食法：低盐、低油、低糖

痰湿体质的人本来就容易水肿，吃油腻、重口味的食物会雪上加霜。因此，早点开始低盐、低糖、低油的清淡饮食吧。具体来说，痰湿体质的男性要少吃肉，痰湿体质的女性要少吃甜品——这是痰湿产生的两大来源。可以多吃一些健脾祛湿的食物，如山药、赤小豆、萝卜、海带、冬瓜等。

2. 规律健康的作息习惯

中医认为，晚上11点至凌晨1点是子时，属十二经络肝经循行时间，肝主疏泄，如果这个时间不睡觉，不仅伤肝，脾的运化功能也会受损，体内多余的垃圾——痰湿难以排出。

3. 坚持长期运动

坚持运动能使气机调畅，有利于津液的运行与代谢，但运动时出层薄汗即可，以达到祛湿的目的，不可大汗淋漓，以免伤气。

便秘

前来看诊的患者中，在我问到"大便怎么样"时，很多患者都会频频摇头，"不怎么样，便秘严重"。昨天还有一个姑娘称自己的肠道是"铜墙铁壁"，几乎不能自发排便，每次都要吃排便药才能"嗯嗯"，药量也是越来越大了。

在大多数人的认知里，便秘意味着"上火"或"积食"了，其实不尽然。

菌群解答：产甲烷菌增加

从肠道菌群来看，肯定存在肠道微生态失调的问题。科学家做了一项乳果糖氢呼气实验，发现便秘的人呼出的气体中，氢气含量普遍比较低，而甲烷含量比较高，且便秘越严重的人，呼气中甲烷的含量越高。

因此可以认为，**肠道中产甲烷菌的多少与便秘直接相关。**

在进行肠动力的实验中也发现，甲烷含量高的人，食物在肠道中的蠕动速度是普通人的1/2。也就是说，两个人吃的食物一样多，别人如果一天能消化完，你可能需要两天时间。食物经过消化道的时间越长，水分被吸收得就越多，最终造成大便干结，难以排出。而且就像下水道排污，如果管道里的淤积太多，管道里会变窄，会更容易堵住，造成恶性循环。

中医分析：脾气虚、脾胃湿热

从中医的角度来看，便秘有两大主要原因，第一种多发生在一些比较瘦弱的女性身上，就是脾气虚。

我们的肠道是要蠕动的，如果胃肠蠕动不好，别人一天一次大便，你可能好几天才拉一次，但是也不干燥，这就是因为脾气虚，肠道蠕动无力，引起的"无力性便秘"。和上述肠动力不足造成排泄物淤积，算是殊途同归。

为什么会这样呢？因为没有力量。

中医认为，脾主肌肉，这个"肌肉"是指全身的肌肉。如果脾气虚了，不仅浑身肌肉没有力量，连内在的胃肠道肌肉也没有力量。这类人要么便秘，是因为推不动粪便；要么腹泻，是因为留不住粪便；有的人可能还伴有胃下垂。

第二个原因就是脾胃湿热，大多发生在那些爱吃油腻、辛辣、油炸食物的人以及爱生气、经常熬夜的人身上，这些行为都容易在体内生湿热，淤结堆积，就会引起便秘。

解决之道：健脾补气、泻湿热

1. 脾气虚型便秘：既然是"无力"导致的，那就"补力量"。

怎么补呢？"吃"最重要，多吃补气的食物，补回元气，比如牛肉、红枣、山药、龙眼肉、莲子、薏仁等。

2. 脾湿热型便秘：平时可以吃点清热除湿的食物，如薏仁、莲子、茯苓、马齿苋、芹菜、莲藕等，尤其是在气候湿热的夏、秋两季要多吃。

相应地，要少吃羊肉、鳝鱼、辣椒、花椒、酒、阿胶、蜂蜜、麦芽糖等热性或滋补性食物，减少用烤、炸、煎等方式烹饪食物。

揉肚子

可以每天顺时针方向揉肚子，人为地让肠道肌肉做做运动，也是一种健脾补气的方法。

腹泻

和上一节的便秘问题相比，真是旱的旱死、涝的涝死。

人体真是太奇妙了，同样是吃五谷杂粮，吃进去之后的"旅程"却各不相同，就跟人生一样，我们的生命都流淌着同样的时间，看着相同的晨曦夕阳、星空皓月，却过着各自不同的人生，有着迥然不同的体验。

菌群解答：双歧杆菌减少，结肠内菌群跑到小肠里

肠道菌群失调可以是腹泻的原因，也可以是腹泻的结果。

当我们的肠道内菌群失调，出现碳水化合物的异常分解，就会表现为发酵性消化不良，引发腹泻，大便呈水样或糊样，多泡沫，伴有肠鸣、腹胀与排气增多。而当肠道内出现蛋白质异常分解，也会引发腹泻，这种是腐败性消化不良引起的，大便稀溏，呈黄棕色，有特殊臭味（硫化氢）。反之，长时间的严重腹泻也是对肠道菌群的重创。

我们的肠道内有种有益菌群，叫双歧杆菌，可与肠黏膜细胞结合，形成生物学屏障。这个生物学屏障可以阻止致病菌和条件致病菌的侵害。如此类益生菌减少，则致病菌可能引起患者出现腹泻的情况。

我们经常说肠胃，肠和胃无法割裂来看。临床上有一些患者胃酸过低，或者长期服用抑制胃酸分泌的药物，也可能导致结肠内的菌群上移，跑到小肠里溜达，甚至在小肠里安家落户，这时也会引起腹泻。

中医分析：脾虚湿盛

关于腹泻，我国古代医书中早就有诸多阐述。比如《景岳全书·杂病谟》载："泄泻之本，无不由于脾胃。"可见，脾虚湿盛是导致泄泻发生的关键因素。

为什么会脾虚湿盛呢？

最主要的原因就是饮食不节、情志不调、起居无常等，都直接或间接引起脾胃受损。

很多人饮食不注意，经常饥一顿饱一顿，吃饭也不讲究，冷一顿热一顿，很可能把肠道功能给刺激了，肠道菌群也被伤害了，从中医角度讲就是把脾阳给折损了。打个比方，咱们的手夏天再热，给你手里放个冰棍，让你攥着，你也会感到难受，你肯定被冰得受不了。但实际上，很多人经常吃冰棍，喝冷饮，咔嚓咔嚓地吃凉东西，肠胃能不被冰吗？这也是脾胃虚寒的人最常见的病因之一。

脾被你冰得受不了，能不受损吗？于是运化无力，而你吃的那些冰冷寒凉的食物在体内生化成的湿，比正常饮食生化的湿要更多，也就是本来搬运工就被你累病了，你又造了更多垃圾，排不出去，于是引起了腹泻。

　　反映到肠道菌群上是同理。吃生冷食物之后，肠道的环境也变得很冰冷，怕冷的有益菌就待不住了，剩下的就是喜欢冰冷环境的病原菌，而它们的增加，就会导致上述所说的菌群失调，从而引起腹泻。

解决之道：调理饮食

　　可以多吃一些益气健脾的食物，如红枣、桂圆、鸡肉、牛肉、花生、蘑菇、粳米、鳝鱼、芡实、黄芪、党参、白扁豆等。

黄连汤

　　即每日用黄连3克泡水喝，可清热燥湿，泻火解毒。

　　很多现代研究发现，黄连提取物能显著抑制病原菌（肠杆菌、肠球菌等）的生长，并显著促进益生菌（乳酸菌、双歧杆菌）的生长，具有改善肠道微生态的功效。

长痘

痘痘作为"皮肤杀手",生命力极强,蛮横地袭击十几岁到四十几岁女性朋友的脸蛋,甚至不讲道理地长期盘踞在脸上。相信很多人都有这种体验,几天后要参加婚礼,或出席重要场合,祈祷不要长痘,结果头天晚上非要冒一颗大的痘痘给你看,气不气人?

那么,接下来就像挤痘根一样,把长痘的原因刨清楚。

菌群解答:酵母菌、金黄色葡萄球菌等过度生长

与其说长痘痘是一个皮肤问题,不如说是身体内部失衡导致的炎症问题,这也与肠道菌群失衡有关:

1.肠道内的有益菌和有害菌一旦失衡,不仅会导致某些营养吸收减少,还可能让释放炎症物质的有害菌大量繁殖。

2.当肠道屏障功能受损,肠道通透性增加,就会使某些导致长痘的细菌或促使炎症发生的物质进入血液。

3.如果肠道内的酵母菌过度生长,特别是**念珠菌**,当身体试图去对抗它们时,也会引起慢性炎症,再以皮肤长痘的形式表现出来。

另外，肠道并不是人体唯一拥有重要微生物群的部位，皮肤表面同样也是一个庞大而复杂的微生物生态系统，皮肤菌群失调，势必会引起各类皮肤问题。

研究发现，在特应性皮炎和皮肤损伤等疾病中，**金黄色葡萄球菌**疯狂生长。它不仅可以逃避免疫系统引起慢性感染，甚至还能伙同某些细菌产生的蛋白酶等物质，共同破坏皮肤屏障，于是就会出现长痘、发炎等一系列皮肤问题。

中医分析：胃热

中医认为，长痘大多是因为**胃热**。为什么会胃热呢？一般还是跟饮食有关。饮食不规律，吃得过于辛辣刺激，过于油腻肥厚，既容易损伤脾胃，也会生化热毒，而热毒上行，熏蒸到了皮肤，就会长痘。

长痘的第二大原因是睡眠不足、生活不规律，经常熬夜会造成人体的机能紊乱。

有人会说，明明跟家人、朋友的饮食和作息都一样，为什么人家不长痘，偏偏我会长痘呢？

这个原因很有意思。我们中医有个说法，叫**"病走熟路"**。就是说，病入哪条经是有自己的习惯的。就像我们习惯走某条熟悉的路一样，到了路口有人习惯往左走，有人习惯往右走，病也是一样，它也有自己习惯走的路，也就是习惯表现出来的症状。

而脾主运化，要把营养物质输送到身体的各个部位，包括输送给皮肤。而当你吃下一些肥、甘、厚、辣、生、冷的食物后，胃首先受不了了，太难受了，脾赶紧把垃圾毒素拉走。而脾有自己扔垃圾的习惯位置，有的习惯扔在这儿，有的习惯扔在那儿，于是就表现为，都是上火，但有人嗓子疼，有人牙疼，有人的脸上长痘痘，有人的前胸后背长痘痘。

我有个朋友，每次上火都是头皮上长痘痘，脸上看着什么事没有，一扒开头发，密密麻麻的全是痘。

还有个更惨的朋友，每次吃辣的之后就坐不下了，痔疮就犯了，来找我开药时，别人都坐着候诊，他只能站着，显得非常痛苦。我只能赶紧给他开点外洗的药和泻火的药，叮嘱他忌口，别再吃辣的了。但他不仅戒不了，还一吃就选"变态辣"，没办法。

解决之道：调节胃热

几乎可以肯定，长痘的人肠道环境不会太好，容易发生菌群失调。可以泡点金银花、蒲公英水喝，能调节胃热。

饮食方面，可以吃点具有清胃火、泻肠热作用的食物，如小米、小麦、豆腐、绿豆、绿豆芽、苦瓜、冬瓜、黄瓜、白菜、芹菜、西瓜、香蕉、枇杷、梨、桃子等。

金菊茶

金银花 3 克，野菊花 3 克，代茶饮。

将金银花煲水，口服和外洗都对多种致病菌、病毒有抑制作用。金银花茶还有独特的减肥效果，还能抑制咽喉部位的病原菌。

野菊花消痘冰

用野菊花 60 克煎水 15 分钟，浓煎成 150 毫升溶液，冷却后放入冰箱冷冻，冻成许多小冰块备用。

每天洗脸后，用一块"消痘冰"涂擦面部，每次涂擦 3 分钟左右，每天两次。坚持一周就能看见效果。

过敏

过敏是个很奇怪的现象。过敏原一般是我们身边常见的东西，或是我们一日三餐的食物，比如花粉、柳絮、尘埃，还有牛奶、花生、杧果等，甚至有人对米饭、馒头、红烧肉过敏。这些我们赖以生存的东西，怎么反倒成了导致我们过敏的"坏人"呢？

还有更防不胜防的，以前可能不过敏的东西，如今却过敏了。比如不少人年轻时无肉不欢，视海鲜为挚爱，40岁以后却不能吃这些了，一吃就过敏。这种"变心"又是怎么回事呢？

菌群解答：拟杆菌数量少，菌群缺失

过敏性疾病的主要原因是肠道菌群的多样性降低。

以过敏性鼻炎为例，很多患者是小婴儿，肠道内**肠球菌与双歧杆菌**的数量都比较低，随着月龄的增加，肠道内的有益菌逐渐丰富，症状就会有所缓解。而依然患有过敏性鼻炎的孩子，肠道内**拟杆菌**数量明显低于同龄正常儿童。成年人也一样，实验发现，使用副干酪乳杆菌、罗伊氏乳杆菌、鼠李糖乳杆菌的三联菌种，能明显改善患者的过敏性鼻炎。

但过敏是一个非常复杂的综合性问题，如今已经证实了益生菌对过敏性疾病有预防和治疗效果，但不同的益生菌菌株及其组合，对于不同的过敏性疾病的效果不同。比如，对湿疹有用的益生菌，对哮喘、过敏性鼻炎等却没有太大效果。

中医分析：祛湿，增强卫气

过敏跟免疫系统有关，免疫系统对某种"异物"反应过度，就形成了过敏。用中医解释就是，体内湿邪大，卫气不足，造成免疫系统功能失调，引起免疫力过低而容易感染，或者免疫力过高而导致过敏的现象。

关于湿邪，有来自外界的，比如潮湿的环境，洗澡、洗头后没有及时擦干；也有内生的，比如吃生冷食物，湿邪沉积体内，难以祛除。

关于卫气，气是中医理论的基石，来源于古人对天地和生命的认知，所谓的阴阳五行，都是气的不同表现。气有外气，即天地之气；也有内气，即人体的气。按照生成的来源、分布和功能来划分，人体之气有四种，分别是元气、宗气、卫气和营气。在这之中，卫气就是我们常说的免疫力。

卫气，顾名思义，它的主要作用就是护卫。当食物吃下去后，通过脾胃的消磨和转化，成为体内的精微物质。这个精微物质又分为柔和与剽悍两部分。其中柔和部分化生血液，荣养全身，这个叫营气；而另一个剽悍部分就是卫气。

一旦卫气出现问题，疾病就随之而来，不仅容易感染病毒，身体状态也会出现异常。夏天打开腠理，汗液才会增多；冬天关闭腠理，汗液才会减少，如果卫气不能正常发挥它的生理功能，只开不合就会盗汗，只合不开就会发高烧。在体形上，也会导致腠理不肥，皮肤不充，人显得干瘦，皮肤失去光泽。

一些喜欢运动的人出汗量极大，腠理又长期敞开，如果没有好好休息，干扰卫气的闭合功能和防御功能，免疫力就会下降，卫气虚弱，病毒也就乘虚而入了，所以运动之后一定要好好放松休息。

解决之道：食疗祛湿补脾

可以去医院查过敏原，尽量避开过敏原，同时补充相应有益菌。

还可以通过食疗祛除湿气，强健卫气。可经常吃点山药粥、冬瓜薏仁汤，不仅祛湿，还能健脾。脾气强健了，免疫系统就能正常发挥作用了。

还可以吃些富含维生素的水果，比如橙子、苹果；含丰富微量元素的食物，比如新鲜优质的牛肉、鸽子肉等。还要注意食物禁忌，羊肉、海鲜等发物以及香菜、茴香、香椿等芳香类食物，暂时不要吃了。

增强免疫力，防过敏，还可以口服中成药玉屏风散。

胃病

前面说了，肠胃，肠、胃二者是一个综合整体，不能割裂来看。有便秘、腹泻等肠道问题的人，胃多半也不太好，可能伴随着胃胀、胃痛、食欲不振、营养吸收不良等症状。

这就是为什么我在问诊时，会问"吃饭怎么样""大便怎么样""月经怎么样""睡眠怎么样"四大问题，头两个就分别是胃和肠的问题。

现代人生活节奏快，精神压力大，饮食不规律，有暴饮暴食的，有节食减肥的，再加上很多食物里含有人工添加成分，我们的胃可谓是"受累了"，抗议一下也算正常。

菌群解答：幽门螺杆菌感染

胃肠道菌群失调，主要是由胃肠道**幽门螺杆菌**感染引起的。

科学家对胃液和活检标本中的人体胃微生物群进行了研究，结果表明胃中存在多种细菌类群，主要由五个门类组成，包括放线菌门、拟杆菌门、厚壁菌门、梭菌门和变形菌门。幽门螺杆菌感染，胃的微环境中会发生剧烈变化，极大地改变胃内微生物群的特征，进而影响胃微生物群的组成，并可能与肠道微生物群的变化有关。

另外一项研究显示，幽门螺杆菌定植改变了胃微生物群，降低了微生物多样性，根除幽门螺杆菌可以恢复微生物多样性。

中医分析：脾虚脾湿是根本

中医认为，脾虚是一切胃病的根源。

根本原因很简单，胃病全来自吃，万病不离吃。而胃主消化，脾主运化，脾胃合称"后天之本"。吃进胃里的东西，不可能都堆在胃里，要下行至肠道，并靠脾将营养精微物质输送到全身。如果吃进胃里的东西是生冷油腻、肥甘辛辣，胃首当其冲就会受创，脾也跟着倒霉，在运化的过程中会被损伤，而失去活力。于是，当脾的运输能力下降，胃这个仓库的负担当然会更重，出现一系列胃部问题。

因此，胃病的生病位置虽然在胃，但中医学认为胃病与脾的关系极为密切。脾与胃以膜相连，互为表里，生理上常互相配合，病理上常脾、胃同病。也就是除了对胃进行治疗之外，还要同时调治脾的功能。

胃主受纳，脾主健运。我们既要重视"纳"，又不可忽视"运"。

解决之道：饮食调节，增强胃黏膜屏障

可补充有益菌，恢复肠道菌群稳定。另外，饮食方面减少碳水化合物和蛋白质的摄入，多吃富含膳食纤维的食物，增强胃黏膜屏障功能。

双色茶

取黄连1克，白及3克，代茶饮。对胃黏膜功能受损、胃溃疡等都有很好的修复作用。

糖尿病

我有个大舅，一米八八的大高个，120千克，特别壮实，年轻的时候爱喝大酒，吃大肉，有一个长期的毛病，就是口臭和便秘。

有一天，大舅给我打电话，说他早就查出了糖尿病，每天打胰岛素，后来药量成倍增加，也不好使了，血糖还是28mmol/L，降不下来，问我怎么办。我一听吓坏了，赶紧让他来北京。我当时还年轻，请我的老师傅景华教授给他看诊的。

我坐在旁边抄方，记得特别清楚，老师在查看我大舅的舌苔时说："小夏，你看一下这舌苔，典型的热证舌，舌质赤红，舌苔黄腻，这种口臭是刷牙也解决不了的。"他又问我大舅："您肯定便秘吧？"我大舅连连点头，他被便秘困扰多年，一个星期才大便一次，还非常费劲。

很多人不认为便秘跟糖尿病有什么关系，其实不然，二者密切相关。

傅老师的治疗办法就是重用大黄，我大舅一吃就有效果，三天大便一次，又加大了大黄的用量，我大舅就能每天大便一次，甚至有点轻微腹泻，一个多月后，居然瘦了 15 千克，血糖也降下来了。

直到现在十几年过去了，他的糖尿病也没有那么严重了，虽然还是在打胰岛素，但是打一点点剂量就能控制住，大便也比较正常，口臭的毛病也不治而愈。

菌群解答：有益菌丢失，有害菌增多

糖尿病和肠道菌群的关系已经无须赘言，肠道菌群的紊乱会影响能量物质的代谢，出现炎症反应，从而导致糖尿病等代谢性疾病。可以说，糖尿病是一种慢性全身性低度炎症。与人体正常的肠道菌群结构相比，糖尿病患者的肠道菌群到底有什么不一样呢？

1.肠道厚壁门比例降低，拟杆门、大肠埃希菌等条件致病菌水平升高。

2.双歧杆菌等益生菌的含量明显减少。

3.罗氏菌属等产丁酸类有益菌大量缺少，而梭菌等有害菌数目增多。

2019 年，外国科学家有一个重大发现：肠道微生物产生的**丁酸，能改善人体的胰岛素响应；而另一种产物丙酸的异常，则会提高 2 型糖尿病的发病风险**（相关研究发表在著名学术期刊《自然遗传学》（*Nature Genetics*）上）。

可见，肠道菌群失调与糖尿病的发生、发展有着密切关系！

中医分析：阴虚燥热

糖尿病，顾名思义是尿里有糖分。我们身体里的糖分对人体可以起到营养作用，为什么会跑到小便里去呢？

从中医的角度来分析，脾的主要功能就是把来自饮食的糖转化为能量输送到血液中，变成人体的动力，就像把煤炭烧成火，把水烧成蒸汽，把气转化成动力。听起来是不是挺熟悉的？没错，跟蒸汽机的原理差不多。但是，如果脾的运化功能出了问题，糖不能正常转化为能量，反而停留在血液里，越积越多，成了血液的负担，这时验一下血糖，肯定就高了，这就是所谓的糖尿病。

中医认为糖尿病以阴虚为本，燥热为标，燥热侵犯人体，久而久之必然出现阴虚，而阴虚日久也必然会虚火内生，从而产生燥热，因此二者相互对立，又互为因果。

大便干、小便黄或黄赤有热感，是糖尿病患者的主要症状之一，这与肠道菌群失衡也有着很大的关系。

解决之道：养阴清热

阴虚体质的人平时要注意什么呢？要养阴，需静养。

首先，要睡好觉。晚上早休息，让身体自然放松，这时身体的各个气道也是放松的，气息在体内运行得就非常好。人体很多受损的、不足的地方，就容易修复。因此，睡觉是最好的养五脏之阴的方法。

同时，阴虚的人体内阳气偏多，总会想动，而静能制动。因此，

阴虚的人要避免剧烈运动，要学会静养，如打坐、瑜伽、深呼吸等，每天十几分钟到半小时即可。

另外，起居应有规律，居住环境宜安静。避免剧烈运动，或在高温酷暑下工作，并且不宜洗桑拿。

阴虚内热便秘小秘方：大黄汤

用大黄 3 克，代茶饮，可以根据便秘程度，适当增减。

大黄泻热通肠，凉血解毒。大剂量以攻为主，小剂量以"补"为主；如大黄小剂量（0.6～1.5 克）使用，有健胃助消化的作用；中等剂量（1～2 克大黄粉冲服或 6～12 克煎服）使用，有缓泻、逐瘀的功效；大剂量（15～30 克）使用，有很强的泻热、通下效果。

现代医学研究还发现，大黄提取物可减轻内毒素性低血压，消除氧自由基，防止肠道细菌移位及内毒素进入血循环等。

焦虑抑郁

焦虑、抑郁似乎成了现代人的"时代病"。房贷、车贷、失业、学业，各种问题压得很多人喘不过气来。以前朋友们见面打招呼时会说"吃了吗"，现在却成了"在忙吗"；以前亲友寒暄会互相问"幸福吗"，如今却成了"焦虑吗"——我希望每个人都能吃能睡，能笑能闹，开心活到老。

菌群解答：自体中毒

抑郁症与肠道之间的联系早就不是什么新闻了。肠胃的"心情"不好，我们的精神状态也不会好。

80多年前，国外一个科学家团队认为："人们很难相信所有精神疾病都具有相同的致病因素，但我们逐渐认识到，精神疾病的出现都具有一个基本的致病因素，那就是肠道中出现的有毒条件。"他们研究发现，肠道生产的有毒化学物质会影响人的情绪和大脑功能，这个过程甚至被称为"自体中毒"。

更确切地说，我们血液中炎症标志物的存在，与抑郁症的患病风险密切相关。炎症标记物的水平越高，抑郁症的病情就越严重。甚至有一项实验发现，当科学家们对没有抑郁症症状的健康人注射某种物质来诱发炎症，结果令人感觉吃惊，典型的抑郁症症状几乎很快就出现在这些实验对象身上。

所以，抑郁症已经不再是单纯地由于大脑功能障碍而引发的疾病，而是和肠道、炎症相关。甚至就连抗抑郁的药，也是靠降低体内炎症水平而发生作用的。

另外，高血糖也是抑郁症的致病因素之一。因为现在很多人的饮食中富含精制碳水化合物和人造脂肪酸，这种食物中富含促炎症糖分，再加上缺乏运动，血糖指数高了，炎症反应就会显著增加。

因此，虽然很多人认为糖尿病和抑郁症完全不搭边，是两种不同的疾病，但实际上，致病之因殊途同归，致病之根也都扎在肠道里。

中医分析：痰蒙心窍

我在多年前跟随国医大师王琦老师学习时，曾经见过一个患者。她是个十六七岁的小姑娘，上高中后学习压力大，刚开始只是吃点甜食缓解一下情绪，后来一发不可收拾，嗜甜加上暴食，体重直接涨到120千克，而且伴随严重的便秘，还有抑郁、焦躁的症状，甚至有时还有点神志不清。

来看诊的时候，是被家里的父兄长辈捆来的。父母也是实在没办法了，去北医六院、安定医院的精神科都看过，孩子的精神状态和健康情况都越来越糟糕。

他们经人介绍来找王琦老师看病。王琦老师诊断后，开的第一服药就重用大黄，用的克重比一般患者要多很多；而且在第二、第三服药里，继续增加了大黄的用量。最直接的效果就是那个孩子大便通畅了，体重逐渐降下来。直到出现了腹泻的情况，王琦老师让她坚持继续服药，把体内的痰湿排出来。

一个多月后，我去那个孩子家里复诊，正好碰到她说肚子疼，去卫生间竟然拉出一条乳白色的黏稠状的东西，像一段黏液，呈半透明状。我赶紧给王琦老师打电话说明情况。他听到后如释重负地道："这就好了，拉出来就好了，这就是痰蒙心窍的痰。接下来重点调理一下脾胃吧。"

那是我见过的一例痰蒙心窍如此严重的病症，印象非常深刻。属于比较严重的个例，大家切莫恐慌，讲出来只是希望能引起大家的注意，大家要多爱惜自己的身体。

其实，这跟肠道菌群失调引发抑郁症的观点是不谋而合的，肠道生产的有毒化学物质会影响大脑功能，而中医里没有脑的概念，中医的大脑归心窍，所以痰蒙心窍，影响的就是大脑功能。

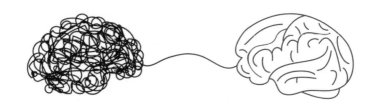

解决之道：饮食选择低碳水 + 优质脂肪

《菌群大脑》中说："饮食或许可以成为改善大脑健康的一根救命稻草。"书中讲述了一位抑郁症患者玛丽，服用多种抗抑郁药和抗焦虑药一年多毫无效果，却在调理饮食三个月后，她断掉了所有药物，感觉像"获得了重生"，不仅每晚能安睡，还恢复了敏锐、冷静的心智，更可喜的是，她还甩掉了困扰自己十几年的多余的体重。

她的饮食调整很简单：减少碳水化合物的摄入，在饮食中添加健康的脂肪（尤其是胆固醇），我们也可以试试。

无忧茶

取淡竹叶 3 克，代茶饮。

淡竹叶有清热除烦、利尿通淋的功效，对于改善心情、除烦清心都有很好的功效。

疲劳憔悴

随着生活节奏的加快，"累"成了很多人的状态，总是感觉身心疲惫。而对于女性朋友来说，还多了一种担心和压力，就是衰老。看着镜子里憔悴的面容，怎么也开心不起来，于是花钱去美容、塑身，但效果却不尽如人意。

我就有一位这样的患者。她形象、气质都很好，可生完孩子之后，发现自己老得很快，脸上的皮肤松弛下垂。对于自我要求很高的她来说，实在难以接受，于是去美容机构做了面部埋线提升。美容机构承诺她，提拉效果能保持 1 年左右。然而这位患者，在手术后 100 天就被打回原形了。于是，她去找美容机构理论，要求解决问题。美容机构只得再次给她做了埋线提升，这次更离谱，不到 3 个月就没效果了。

她彻底火了！这种手术本来恢复期就长，大半个月脸才消肿，不到 2 个月就毫无效果。花了钱，受了罪，却没变美，任谁也接受不了。她又一次去找美容机构理论。美容机构的负责人是我的朋友，知道我之前也做过医学美容，就向我求助。

我一听就明白了。在见到那位患者后，跟她说："你的脾气太虚了，内外肌肉都无力，你的月经应该也是经常淋漓不尽，一来就十几天吧。"

她一下子愣住了，然后猛地点头。

她就是典型的脾虚证，脾气虚，中气下陷，脾主肌肉，因此不仅

浑身没力气，肌肉和脏腑自身也没有力气来支撑，所以才会做了埋线提升也保持不久，因为没有力气，勉强拉上去，也撑不住。

我跟她说："我给你调理 3 个月，然后你再去做埋线提升，效果就能保持住了。"

于是，我给她用黄芪、人参调配了膏方，佐以金银花祛火。她吃了之后效果非常好，首先就是月经正常了，不淋漓不尽了；其次，浑身有力气，精神头很足。

调理 3 个月后，她又去做了埋线提升。这次的效果非常好，已经 2 年了，还非常紧致呢。

这类女性其实不少，希望大家更多地关心脾胃，强健脾气。

菌群解答：多样性降低，组成发生改变

很多人不知道，疲劳也是一种病。

现代社会人们长期处于疲劳的亚健康状态，慢性疲劳综合征发病率逐年攀升，高达 3% ~ 20%，成为影响我们健康的常见病。

相关研究认为，慢性疲劳综合征的患者肠道菌群多样性降低，组成发生改变。

慢性疲劳综合征患者的**大肠杆菌和双歧杆菌减少**，而双歧杆菌有助于改善消化问题，能抗炎、降低血脂水平、增强免疫力、缓解压力和过敏。同时，慢性疲劳综合征患者的**肠球菌增多**，而肠球菌和血链球菌增多可导致 D- 乳酸中毒，引发炎症反应。炎症反应会导致免疫系统持续工作，不断产生热量，导致多汗和身体虚弱，引发并加重疲劳等症状。

研究人员甚至可以仅根据一个人的肠道菌群组成和血液中炎症分子的浓度，来判断一个人是否患有慢性疲劳综合征，准确率可达90%。

反过来也成立，我们可以通过调整肠道菌群结构，来实现抗疲劳的作用。

中医分析：脾气虚

疲劳憔悴，主要是因为脾虚。脾主什么？脾主四肢，脾主肌肉，所以脾气虚的时候你就觉得疲劳，浑身没劲，四肢疲软，连说话都觉得没劲，天天啥都没干就觉得很累。

一般这种人身上的肉软塌塌的，松弛下垂，胳膊伸出来一晃，手臂下有拜拜肉在晃荡，甚至还会乳房下垂，小肚子鼓鼓囊囊的，腰身瘦不回去。像我这种脾气足的人，一摸身上的肉很紧实，捏起来都费劲，当然了，我减肥也很费劲，肉太实了。

中医学很早就非常重视身体的疲劳现象，根据不同情况有不同的称谓。如：疲乏、无力、倦怠、脱力、解㑊、五劳、七绝等。对于不同的人和不同情况，疲劳可以表现在不同的部位上，除全身乏力外，还会有：身上肌肉松弛，肠道无力蠕动，胃下垂、反应迟钝等。

所以，我们疲劳的时候一般会有主观的筋疲力尽的感觉，但实际上，对于现代人来说，你可能没有疲劳感，但身体其实已经进入疲劳状态了，脾胃等内脏已经很疲劳了。

这时如果去查肠道菌群，会发现菌群的多样性大幅度降低了——这样的内环境太差了，不适合多种类菌群生长，正如沙漠里不会有郁郁葱葱的植物一样。

解决之道：爬山、注意饮食

1. 爬山。

《黄帝内经》中载："谷气通于脾。"请注意，在繁体字中，山谷

的谷写作"谷",而谷物的谷写作"穀",二者不可混同！唐代医家王冰对此的解释是"谷空虚，脾受纳故"。直白点说就是，爬山不仅能锻炼筋骨，让人大汗淋漓，同时还能让人的脾通天地之气，山谷之气。

2.饮食方面，可以吃具有补脾益气、健脾开胃作用的食物，如粳米、焦锅巴、薏仁、熟藕、栗子、山药、扁豆、豇豆、葡萄、红枣、胡萝卜、土豆、香菇等；要忌食或者少食寒凉易损伤脾气的食物，如苦瓜、黄瓜、冬瓜、茄子、空心菜、芹菜、苋菜、茭白等。

补气小秘方：冻龄茶

取人参3片，麦冬6粒，代茶饮。

有人会问，为什么某某服用人参后越来越健康，甚至长命百岁，我服用后却流鼻血呢？这是因为，人参补气，气虚的人服用后可强身健体，但如果你本身就阴虚，或者有痰湿、湿热，服用人参后就会越来越热，越来越黏腻，花钱买罪受。所以，人参是好东西，但不能乱用。

第三章

调节菌群，
先改善内环境

注意啦

不要认为中医的脾胃等于脾、胃

中医里的脾胃涵盖更广

很多人提到脾胃，以为就是脾和胃，其实是不准确的。

在现代医学里，脾和胃是两个独立的器官，各自发挥作用。脾位于人体腹腔的左上方，呈扁椭圆形，是人体最大的淋巴器官，参与人体淋巴组织的活动，可以吞噬和清除细菌、病毒以及衰老的红细胞；还能储血、造血，充当人体的"血库"。

胃，我们应该更熟悉点，特别是饿了或吃饱后，它的存在感都很强。它是消化系统中非常重要的器官，像一个斜着的口袋，位于我们的膈下、腹腔上部。我们每天吃下去的酸甜苦辣的食物，都要在胃里进行第一站的消化和吸收。

而中医里所说的脾胃，是一个功能繁多的庞大系统，现代医学中所谓的脾和胃仅仅是其中一部分。

中医里的脾，主要功能之一是主管运输与消化。《内经》说："饮入于胃，游溢精气，上输于脾，脾气散精，上归于肺……水精四布，五经并行。"食物吃下去后，先入胃，经胃的初步消化之后，下送于脾，由脾再进一步消化与吸收。其后再由脾气帮助，使精气上归于肺，由肺到全身各部，以滋养脏腑、器官。

所以当脾气健运时，人的消化功能就好，具体表现为肌肉丰富，精力充沛等。若脾气虚弱，脾失健运时，就会出现食欲不振、腹胀、乏力、消瘦等症状。

可以说，中医里的脾，不仅包含了现代医学中所说的脾的功能，还包括了胰腺、胃、大肠和小肠的部分功能。

中医里的胃，主受纳水谷，食物入口后，经过食道，容纳并暂存于胃腑，这一过程称之为受纳，所以胃被称为"太仓"。我们机体的生理活动和气血津液的化生，都需要依靠食物提供的营养，所以胃又被称为"水谷之海"。

在中医里，脾和胃不是独立的，它们经常被相提并论，两者五行都属土，属于中焦，共同承担着消化吸收的重任。

脾胃配合默契，又各有特点

《黄帝内经·素问》中道："脾胃者，仓廪之官，五味出焉。"如果把胃比作一个粮仓，脾就是运输公司，我们所有吃下去的食物都要经过脾胃的消化才能输布全身。

脾和胃是怎么配合的呢？食物吃下去后，首先来到胃的地盘，经过胃的初步消化，下送于脾，由脾再进一步消化与吸收，其精微物质由脾之运化而营养周身，未被消化的食糜则下行于小肠。

再打个有趣的比方，脾胃就好像一对夫妻，胃是丈夫，主外，每天迎来送往，迎接不同的食物，甚至药物，从早忙到晚，热热闹闹的；而脾是妻子，主内，默默地把负责家里的"精细活"，把丈夫赚回来的"钱财"打点清楚，兑换成更适合各个家庭成员（身体各部位）消化吸收的营养物质，更好地供养一大家子。

脾与胃，二者经络上互为络属，构成表里；生理上互相联系，互相依赖，互相协调，分工合作，共同完成消化。病理上互相影响，互相传变。

所以说，脾与胃的关系极为密切，但是两者又各有其特点。脾的主要特点是运化水谷精微及水湿，因此脾虚失运则有湿困于脾，中气下陷病理改变；胃的主要特点是受纳水谷及水液，若胃气虚弱，则出现胃纳不佳。

我们所有的生命活动都有赖于脾胃摄入的营养物质，所以古人养生一直非常重视养护脾胃。

调节肠道菌群和健脾祛湿，不谋而合

脾虚湿困对健康的危害

我经常说，十个来看诊的人里，有五个都脾虚，怎么回事呢？

中医所说的脾，不是现代医学中那个腹腔内可以切除的实体脾脏，而是涉及消化、呼吸、免疫、循环、运动等多个系统的功能总称。

如果打个比喻，中医所说的脾，就像是养育了万物的土地，一片贫瘠土地上的生命肯定缺乏生机，一个脾虚的人自然也是病弱的，早衰的，所以脾在中医里的"地位"很高，被称为"后天之本"。

中医说的脾，是负责运化的，任何代谢产物的排除都要借助脾气的力量。脾气一虚，如果脾的运化水谷精微的功能减退，则机体的消化吸收功能也会随之失常，脏东西就要滞留体内。脏东西是什么呢？可以是多余的脂肪，也可以是异常的分泌物、排泄物。正所谓"脾胃虚弱，百病生"归根结底，"湿重"是标，"脾气虚"是本。

中医有一种说法，叫**脾虚湿困**，湿就是脾虚生湿。脾气虚、脾阳虚，都是典型的虚；而脾虚湿困是个虚实夹杂，本为气虚，标为湿困，湿困是一个邪气实。既有脾气虚，又有邪气实，而邪气实就是指湿邪。

会引发什么症状呢？

水液在体内停滞，难以运化，因而会引起水肿，对一些减肥的人

来说，你可能不是胖，而是肿了；有点人还会出现消化吸收障碍，腹泻，严重的还会伴随恶心、呕吐。

如果湿邪困阻中焦，还可能出现一个典型的症状：闷，具体表现为胸闷气短；脾主肌肉四肢，因此还会引起一种感觉：沉，表现为身重困倦。

健脾为肠道菌群平衡提供内环境

中医认为，人体的健康是人体内小宇宙和谐平衡的状态。而这种状态，我把它总结为两个平衡：一个是外在的平衡，一个是内在的平衡。

外在的平衡讲究的是人和自然的和谐。中医学中有很多有关人在不同的时令节气的养生的办法和养生的智慧，其中特别强调的就是"天人合一"，要根据自然时节的变化来调整养生的方式。

而肠道菌群就是人体微生态的平衡，只有人和自身共生的肠道微生物保持和谐统一的平衡，人体的健康才可能得以维持。

所以，外在平衡和内在平衡两个因素相加，才会有一个健康的身体。

现在中医学者已经发现，**脾气虚的患者的肠道微生态会发生非常显著的失衡**。原因在于，脾在很大程度上决定了我们的内环境是否健康。

调节肠道菌群是为了获得身体的平衡状态，健脾也是这个目的。从这一点上说，调节肠道菌群和健脾是不谋而合的，也是异曲同工的。

补充有益的菌群，可以让肠道内的这类菌群在短期内恢复到正常的状态，便秘、腹泻以及过敏等症状就会好转了，但是不补充有益的菌群了，过了一段时间可能这些症状又出现了，究其原因，是因为益生菌吃下去之后，要有适合它生长的环境才行。环境不行的话，益生菌会死去，所以根本就是要解决自身的内环境问题。

这时候，就需要强健脾胃，优化我们的内环境，后天之本强健有力了，适合有益菌群生长的土壤就肥沃了，就能更好地实现肠道菌群的平衡。

肠道养护有自己的"节"和"律"

当肠道出了问题，整个身体系统都会遭殃——这一点相信已经无须再强调。

肠道健康值得我们每个人重视，但肠道养护有自己的"节"和"律"，"节"是抓住养肠的关键节点，事半功倍；"律"是养成良好的生活和饮食习惯。

肠道是一片物种丰富的"热带雨林"，有益菌、中性菌、有害菌分庭抗礼，24 小时就可以改变整个菌群的状态。如果我们在肠道老化前尽早保养，维持肠道生态的平衡，警惕便秘、腹泻这些连小毛病都不算的小状况，身体都会记得，并会回馈我们健康和快乐。

选择肠道菌群喜欢的食物

《谷物大脑》中所说："就管理自身肠道细菌而言，没有任何一种药物途径比得上饮食处方。我们应当庆幸的是，肠道菌落如此容易复原。"

我也提倡调整饮食，中医有药食同源的说法，食物就是最好的药物，我们都知道"病从口入"，那就把吃出来的病，再吃回去。

研究表明，肠道细菌的排布最短在调整健康饮食后六天内就会发生重大变化，但每个人的具体情况都是不同的，也取决于你当前的肠道状态，不管怎样，马上去做吧。

第一，选择富含益生菌的食物。

经研究发现，发酵食品中富含各种益生菌，比如**酸奶，泡菜，豆豉，腌渍水果和蔬菜，发酵调味品，发酵的肉类、鱼类、蛋类等**。

发酵食品为什么这么好呢？发酵是将碳水化合物转变成酒精、二氧化碳或有机酸的代谢过程。它需要酵母、细菌或两者同时存在，并且发生在缺乏氧气的条件下，这个过程被称为"无氧呼吸"，非常神奇。

不由得感慨，古人多有智慧，我们的祖先早在 6000 多年前就开始发酵卷心菜了。

第二，低碳水化合物和高蛋白质饮食。

哈佛大学的研究人员曾做过一个实验，三种热量完全相同的食物，第一种是低脂肪饮食（60% 的热量来自碳水化合物，20% 来自

脂肪，20% 来自蛋白质），第二种是低糖饮食（40% 的热量来自碳水化合物，40% 来自脂肪，20% 来自蛋白质），第三种则是超低碳水化合物饮食（10% 的热量来自碳水化合物，30% 来自脂肪，60% 来自蛋白质），由同一批人在一个月内来食用。结果，第三种饮食让他们体重降得最多，且肠道菌群也最健康。

可见，我们应该选择低碳水化合物和高蛋白质的饮食，即每天相当多的蔬菜和 85 ～ 110 克的蛋白质。肉类应该是配菜，而不是主菜。可以选择天然的蛋白质，比如黄油、橄榄油，以及坚果和种子。

第三，享受红酒、茶叶、咖啡和巧克力。

我比较喜欢每天喝点葡萄酒、茶，适量吃点巧克力，它们含有天然的成分来支持肠道菌群的健康。喜欢喝咖啡的朋友也不用担心，咖啡也有类似的功效。

西班牙的研究人员发现，适量饮用红葡萄酒（每天一两杯）的人，其脂多糖水平显著降低（脂多糖是炎症和肠道通透性的标志物）。不过，可不要贪杯，女性每天喝一杯，男性最多喝两杯。

第四，选择富含益生元的食物。

益生元是肠道细菌喜欢并以此来促进生长和活性的成分，很多食物里都含有。比如最常见的碳水化合物，每 100 克就能作为益生元生产 30 克细菌。

如果是购买益生元药剂，可以从这三点来筛选。首先，益生元是不可消化的，也就是说，它们在通过胃时不会被胃酸或酶分解掉。其次，益生元能进行发酵或由肠道细菌进行代谢。再次，益生元能促进肠道内健康细菌生长，而不是有害菌的营养。

以下是天然益生元含量最高的食物清单。

·金合欢胶；

·生菊苣根；

·生洋姜；

·生蒲公英；

·生大蒜；

·生韭菜；

·洋葱（生的和熟的都可）；

·生芦笋。

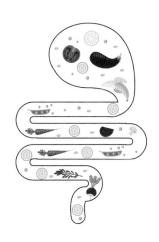

第四章

如何更精准有效
调节菌群

注意啦

五种体质自测法

就像买衣服要根据身材来，买护肤品要适合自己的肤质，其实养菌健脾也要搞清楚自己的体质。每个人的肠道菌群状态都不一样，养菌虽然都要调理饮食，但不同体质的具体方法也不一样，所以，先别着急，先测一下你属于哪种体质。

一、阳虚体质自测

1. 舌头颜色淡；

2. 手脚冰凉；

3. 怕冷，比别人穿得多；

4. 比别人更容易生病，如得感冒；

5. 吃凉的东西感到不舒服；

6. 经期小腹冷痛；

7. 平时白带多、质清稀；

8. 月经量少；

9. 夜尿多、男性阳痿、大便不成形、小便清长；

10. 腰膝酸软；

11. 男性的欲望降低，对房事没有兴趣。

二、气虚体质自测

1. 容易疲劳、嗜睡；

2. 容易心慌、气短；

3. 比别人容易感冒；

4. 说话声音低弱无力；

5. 容易头晕，或者站起时头晕；

6. 月经提前，或月经量增多；

7. 月经淋漓不断，超过 10 天；

8. 倦怠乏力、少气懒言；

9. 容易出现水肿；

10. 大便无力，或习惯性便秘；

11. 腰膝酸软、精神萎靡。

三、痰湿体质自测

1. 舌苔厚腻，或有舌苔厚重的感觉；

2. 感冒、胸闷，或腹部胀满；

3. 感觉身体沉重不轻快，或不爽快；

4. 腹部肥满松软，男性有将军肚；

5. 有面部油脂分泌多的情况，男性头发稀疏不茂密；

6. 嘴里有黏腻的感觉；

7. 月经延迟、月经量少甚至闭经；

8. 平时带下多，色黄或黄白，黏腻有异味；

9. 大便黏腻，易粘马桶；

10. 总感到咽喉部有痰堵着不舒服；

11. 男性睡眠时打呼噜；

12. 男性痛风。

四、湿热体质自测

1. 面部或鼻部有油腻感或油光发亮；

2. 面部容易生痤疮或皮肤易生疮；

3. 感到口苦，或嘴里有异味；

4. 大便黏滞不爽，或解不净；

5. 小便时有尿道发热、色深；

6. 脾气急躁，体力旺盛，容易饥饿，食量大且口味重；

7. 行经时间延长，经量不多或经间期出血；

8. 带下量多、色黄、质稠，外阴瘙痒；

9. 舌红，舌苔厚、黄腻；

10. 男性阴囊潮湿及不适。

五、特禀体质自测

1. 没有感冒也会打喷嚏；

2. 没有感冒也会鼻塞流涕；

3. 因为温度或季节变化以及异味等原因而咳喘；

4. 容易过敏（药物、食物、气味、花粉、季节交替、气候变化等会引起过敏）；

5. 皮肤易起荨麻疹（风团、风疹块、风疙瘩）；

6. 皮肤因过敏出现紫癜（紫红色、瘀点、瘀斑）；

7. 皮肤一抓就红，并出现抓痕；

8. 眼睛容易出现红血丝、瘙痒及红肿的现象；

9. 生活中经常无缘无故地出现腹痛、恶心、呕吐、腹泻的症状。

说明：

以上是五种常见脾虚体质的测试题，每种体质我们给出 10 道题，符合情况则得 1 分，不符合情况，则得 0 分。

①如果您是男性，体质的得分 ≥ 5 分，如果您是女性，某种体质的得分 ≥ 6 分，说明您就属于这种体质。

②常常出现两个或两个以上的体质并存的情况，如果您某种体质得分 > 6 分，且另外一种体质得分 ≥ 4 分，则为偏颇体质。

③如果您有两种或两种以上的得分是 ≥ 4 分且 < 6 分，不能确定为某一体质，那么您就是复合体质，注重多方面的调理。

很多时候，我们往往是几种体质并存，不会简单地是单一体质，这样大家就会迷糊，不清楚自己适合什么方法养菌，您可以本着这样的原则：

1. 体质为主原则，哪种体质占比分数高，也就是偏颇体质，先改善哪种体质。

2. 复合体质，哪种体质都有一些，但不分轻重，先去湿热，再去痰湿，再补气，最后补肾。

3. 最适原则，以个人主观感受为指导原则，觉得自己最近湿热重，就祛湿热，觉得自己痰湿重，就祛痰湿，以自己现阶段的感受为主，疲劳乏力气虚，就补气。适合自己的就是最好的

4. 季节原则，春疏肝，夏祛湿，秋润肺、补气，冬补肾，全年都可以健脾利湿。

比如，测得结果为：痰湿 7 分，气虚 7 分，阳虚 6 分，可以先去痰湿，再补气，最后补肾。如果在夏天，也可以先去痰湿，如果在冬天则优先补肾。

知道了自己是什么体质之后，就一起来进行我们的养菌计划吧。

根据体质来健脾

知道了自己是什么体质，那么接下来就要有针对性地健脾养菌了。

阳虚体质

阳气分成两部分，一是先天之阳；二是后天之阳。先天之阳来自父母的遗传，它相当于一个火种，一个能量棒；后天之阳，来自我们吃的食物，就像一堆篝火，仅有火种是不够的，还需要木材，这堆火才能持续地燃烧。肾就是我们的先天火种；脾胃就是我们的"后天木材"。从这个意义上说，阳虚最大的特点就是火力不足了，从我们自己的感觉上，就是一个字"冷"。

因此，人体之阳，主要来自先天之本肾以及后天之本脾胃，当我们说到阳虚之时，大家要知道，通常主要指的是脾肾阳虚。人后天阳气的物质来源主要是靠脾胃运化功能的强健，只有脾胃之气旺盛，气血才能很好地生化，去给阳气供源。

阳虚体质的原因

1. 贪凉。夏季喜食冷饮，爱吹空调的人，虽然一时舒爽了，但也会让阴寒之气侵入我们体内，加之平时运动量少，出汗少，而损伤阳气。

2.过劳。很多人觉得自己的身体臃肿发胖，但是皮肤松弛，说自己是虚胖，其实跟阳虚有很大的关系。所谓"劳"，不只是指体力劳动，包括脑力劳动，也包括其他一切行为活动。"久视伤血、久卧伤气、久坐伤肉、久立伤骨、久行伤筋"，过度劳累，久而久之，会造成人体五脏六腑的虚弱，从而导致阳虚。

健脾方法：温阳益气，补气理气

第一种方法：选饮食

给大家推荐一个调理脾阳虚药食同源的中药，就是山药。

山药味甘、温性平，入肺经、脾经、肾经。健脾，补肺，固肾，益精，对于补益上、中、下三焦都有很好的效果。山药含有的淀粉酶、多酚氧化酶有助于促进食物消化，从而提高肠胃的吸收能力。

另外还可以选用性温的食物，但是一定要切记，平补升阳，而非热性食物。

第二种方法：艾灸温阳补气

艾灸借助的是火的力量，是扶阳的力量。调理某些寒性疾病，可以适度地以热治寒、鼓舞阳气，驱散体内的寒气，调整阴阳，从而令元气充足，精力、耐力旺盛。

艾灸以这几个穴位为主：大椎穴、命门穴、神阙穴、足三里穴。

大椎穴

　　大椎穴被称为阳中之阳，被誉为人体小太阳，灸一穴可通七经。

命门穴

　　命门穴是我们人体生命之门，先天之气蕴藏之所在。长灸大椎穴和命门穴，可以提高督脉之阳气。

神阙穴

　　神阙穴位于人体的腹中部其中央。常灸此穴，可以调理胃肠疾病、妇科疾病、生殖系统以及泌尿系统疾病。

足三里穴

　　足三里穴是一个强身健体的长寿穴。常灸此穴，可改善胃蠕动和胃供血情况，刺激消化液的分泌，从而增强消化功能。

气虚体质

　　脾胃是后天之本，如果一个人的脾胃不好，那么身体的气血就会出现生成不足，身体各个部分得不到滋养，自然出现"枯萎"，就会百病丛生。

气虚体质的原因

　　1. 长期节食，或者食用伤气的食物。许多爱美的女性为了减肥，过度节食，不吃肉和主食，只吃蔬果，长此以往就会气血不足，逐渐形成气虚体质。

　　2. 过度用脑，熬夜伤神。"劳则气耗"，过度劳累就会损伤我们的气，气是我们人体的能量。脑力工作和体力工作都伤精费神，总有气的消耗，如果不及时补充，没有一个合理的休息调节，气的消耗就会过度。

　　3. 不爱运动，久卧伤气。气能够正常运行，离不开身体的运动。长时间躺在床上不动，气的运行就会变得缓慢，营养物质到达身体各部分的速度就会减慢，所以有的人经常会说：我睡了一天了，怎么还觉得累。

　　4. 七情不畅，过思和过悲。中医讲"思伤脾""悲伤肺"，悲伤会导致气不足，平时你不快乐、悲伤的时候，是不是会觉得有气无力呢？

健脾方法：健脾，补益正气

气虚体质的人的补益是缓缓而补，切忌峻补。因为气虚体质者往往脾胃偏虚，不宜太过太猛，反而会伤害脾胃，达不到补益的目的。

第一种方法：选饮食

可以多吃点牛肉，牛肉归脾、胃经，自古有"牛肉补气，功同黄芪"之说。牛肉有暖胃作用，可补中益气，滋养脾胃，强健筋骨。其中水牛肉能安胎补神，黄牛肉能安中益气、健脾养胃、强筋壮骨，效果不同。

第二种方法：按揉养脾三穴

养脾三穴：脾俞穴、太白穴、隐白穴。

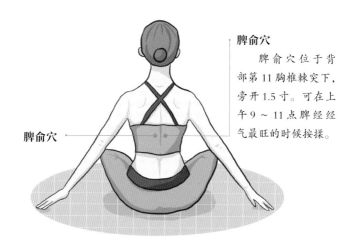

脾俞穴

脾俞穴位于背部第 11 胸椎棘突下，旁开 1.5 寸。可在上午 9 ～ 11 点脾经经气最旺的时候按揉。

脾俞穴

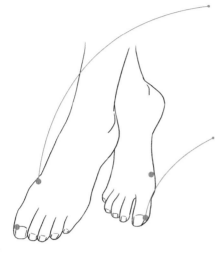

太白穴

太白穴位于第一跖趾关节近端，下方赤白肉际凹陷处。可用拇指指腹稍用力按揉，以微觉酸痛为度，每次 3 ~ 5 分钟，每日可多次按揉。

隐白穴

隐白穴位于足大趾内侧，趾甲角旁开 0.1 寸。按揉穴位时，可盘腿端坐，用左手拇指按压右足隐白穴，左旋按压 15 次，右旋按压 15 次，然后用右手拇指按压左足隐白穴，手法相同。

痰湿体质

痰湿为中医概念，"痰"分为有形之痰与无形之痰，有形之痰可以理解为平时生活中咳嗽的痰，而中医通常提及的是无形之痰。无形之痰就是一个津液异常积留的病理产物，人体摄入的饮食应该在全身脏器共同的作用下，变成营养精微物质疏松到身体的各个部位，但是如果摄入过多，或者身体机能下降以及其他的因素，就会导致营养精微物质运行失常。

湿气有外湿和内湿，外湿就是指外面环境潮湿，如淋雨产生的湿气，内湿就是消化系统失调，水液不能由脾胃运化，从而水液停聚导致的。

所以说中医认为的痰湿可能随气血的运行而流窜全身，引起各种各样的疾病，所以有"百病皆由痰作祟，顽痰生怪症"的说法。

痰湿体质的原因

1.饮食因素。暴饮暴食、重口味等饮食习惯不仅会造成人体消化系统的负担，也会导致湿浊内生，酝酿成痰，引发痰湿在体内的积聚。

2.居住环境。居住的环境潮气太重，容易导致外界的湿邪侵袭入体，使人体脾胃功能受损，湿气聚集在体内无法排出，从而易形成痰湿体质。比如四川多湿，那里的人不吃辣椒就会觉得不舒服。

3.缺少运动。对于上班族来说，久坐不动是常态，每天几乎要坐8～10小时，从而造成气血运行不畅，导致脾胃功能失衡，体内的水湿难以排出体外，就带来了痰湿问题。

4.长期熬夜。长期熬夜是痰湿体质形成的一大"得力助手"，也是各大隐形疾病的一大"推动剂"。经常熬夜会影响胆气的疏泄，从而影响到人体的肝脏、脾脏的正常运行，环环相扣，从而易形成痰湿体质。

健脾方法：化痰祛湿，健脾和胃

第一种方法：量力而行喝水，减少脾胃负担

很多人在网上看的，每天要喝8杯水，甚至要拿量杯，必须喝到2000毫升以上。实际上，当脾胃的运化能力弱，无法运化掉这些水的时候，再喝进去的多余的水，就会变成身体里多余的水湿痰饮，反而影响健康。

因此，喝水的量要因人而异，就像每个人的饭量不同一样，喝水的量怎么可能按"规定"来呢？很多人本身就是痰湿体质，湿气困脾，每天再喝那么多水，真是雪上加霜。

喝水的方法也有讲究，应该小口慢慢地喝，这样脾胃的负担小。水温最好是 40 摄氏度左右，比体温稍高，喝进胃里暖暖的，养胃养脾。很多人喜欢喝冰水、常温水，脾就要消耗更多的阳气来温暖它们，然后再进行运化。而脾胃过度消耗，导致脾阳不足，则不能运化水湿，就可能出现痰湿体质。

第二种方法：艾灸温阳化湿

可选这几个穴位：中脘穴、水分穴、阴陵泉穴、丰隆穴。

第三种方法：传统食疗方

可以多吃冬瓜，冬瓜味甘、性寒，有消热、利水、消肿的功效。

冬瓜不含脂肪，膳食纤维含量高达 0.8%，营养丰富，对促进消化至关重要，可预防肠道问题。冬瓜的膳食纤维含量高，热量含量低，是减肥的理想食物。

第四种方法：适当运动

什么是恰当的运动呢？首先夜跑、晚上去健身房就不是特别合适的运动，虽然很多人在这么做，但其实夜不扰阳，晚上要静，不适合去扰动阳气；马拉松也不是适合普通人的运动，消耗太大，会损伤阳气。

平时可以散步、慢跑、跳绳，选这些相对柔和的、循序渐进的运动，运动中不要大汗淋漓，大汗也会伤阴液。适当运动，微微小汗

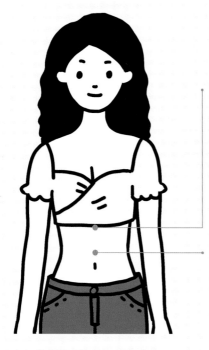

中脘穴

　　艾灸中脘穴，可以调胃和中，健脾化湿。如果中脘处摸起来有硬结，建议先通过揉腹，把硬结疏通一下，再做悬灸，才能更好地吸收。

水分穴

　　艾灸此穴，可以把身体里多余的水湿分化掉，促进身体水液正常代谢。

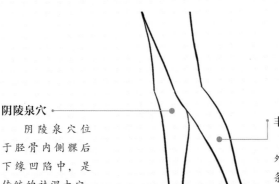

阴陵泉穴

　　阴陵泉穴位于胫骨内侧髁后下缘凹陷中，是传统的祛湿大穴，让脾的力量增强，助力脾来运化身体的水湿。

丰隆穴

　　丰隆穴位于小腿前外侧，外踝尖上8寸，条口穴外1寸，距胫骨前缘二横指。艾灸丰隆穴可以调和胃气、祛湿化痰、通经活络，还可以减掉湿气、痰饮形成的肥胖。

出，可以散掉水湿、浊气，促进身体水液正常代谢。另外，晒太阳，向阳而居，保持好心情，这些日常生活细节也有利于体内水液的正常代谢，养护身体，温阳化湿浊，身心安和。

湿热体质

"湿热"中的"热"与"湿"是同时存在的，特别是在夏秋季节，天热湿重，湿与热很可能一起入侵人体；也可能是体内的"湿"长时间难以排出，就化为了"热"。总之，"湿"已经够难受了，又增加了"热"，关键是这种情况还挺常见的。

湿热体质的原因

1. 长期熬夜。熬夜的伤害相信已经无须赘言了。

2. 情志因素。过度思虑，情志不畅，会影响肝的疏泄功能，肝的正常疏泄是"脾升胃降"的重要条件，否则一旦失调，脾失健运生湿，湿郁化热，湿热就来了。

3. 外部环境。夏秋之交，暑热未尽，水湿泛滥，湿热最盛，所以在夏秋季要格外注意。

4. 内生。湿热也可能来自身体内部，多数是由于体虚消化不良或暴饮暴食，吃多了油腻食物和甜食，脾不能正常运化，使"水湿内停"而产生的。

健脾方法：清热祛湿，健脾和胃

第一种方法：睡午觉

湿热体质的人，如果湿邪比较重，可能会嗜睡；如果热邪偏重，可能会失眠。

要睡子午觉，即晚上睡觉不能晚于 11 点，中午安排短暂的午休。可以让脾气更轻松，加速身体的代谢，促进湿热之气排出。

如果睡眠不好，可以用酸枣仁 15 克、百合 15 克一起煮水喝，效果不错。

第二种方法：选食物

可选择温补阳气的食物，如生姜、韭菜；还可以选择祛湿的食物，如淮山、芡实；还有带有苦味的食物，苦味食物可以泄心火，如苦瓜、莴笋、苦菜等，但脾胃虚寒和脾胃阴虚的人不宜多吃；另外，可以吃一些红色食物，如红豆、番茄、红枣等。

特禀体质

所谓特禀体质，意为先天的、特殊的体质，也就是跟父母遗传有关的，或者由于环境影响造成的特殊体质，较一般人差一点的体质。包括以下三种：

1. 过敏体质，患有过敏性鼻炎、过敏性哮喘、过敏性紫癜、湿疹等过敏性疾病的人大多都属于这一类。

2. 遗传病体质，就是有家族有遗传病史或者是先天性疾病的，这类疾病大多很难治愈。

3. 胎传体质，就是母亲在妊娠期间所受的不良影响传给胎儿所形成的一种体质。

特禀体质的原因

1. 先天不足。在特禀体质的形成过程中，先天因素起着非常重要的作用。

2. 饮食不当。如果饮食失调，最直接的就是影响脾胃功能，造成阴阳气血而失调，所以特禀质中过敏等症状大多在季节交替、冷热交替时出现。

3. 环境因素。特禀体质的人对外界环境的耐受程度差，季节气候的变化、不良环境因素，如室内尘螨、室外花粉、室内外都存在的真菌等，都可能引发过敏。

4. 疾病诱发。疾病是体质形成过程中的一个重要影响因素。不仅可以损害人体各个部位，而且可能使脏腑失和，气血阴阳失调，从而影响体质。

特禀体质的健脾方法

中医认为，"肾为先天之本""脾为后天之本"。特禀体质的人调理时，应以健脾、补肾气为主，以增强卫外功能。

第一种方法：选饮食

饮食调理：饮食宜清淡、均衡，荤素搭配合理。少吃荞麦（含致敏物质荞麦荧光素）、蚕豆、虾、蟹、辣椒、浓茶、咖啡及腥膻发物等。

第二种方法：运动调理

积极锻炼，增强体质，以调养肺脏功能。春季室外花粉较多时，要减少室外活动时间，运动要适度，不要过于劳累。

第三部分

饮食篇

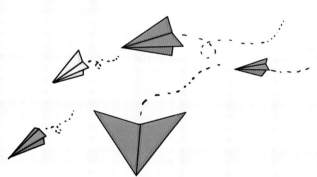

第五章

便当人参（5+2）饮食法

注意啦

大部分的现代人，从周一到周五，每日忙忙碌碌，可能到周末才能有少许个人时间，在这样的生活中，怎样才能保持健康美丽、延缓衰老、身材不走样呢？

其实，有个最简单的方法，我称之为**"七日人参饮食法"**，分为周一到周五、周末两个阶段，即 5+2 法。

吃个饭而已，为什么有"人参"这个名头呢？

因为在中国几千年的历史长河中，在数千种中药材中，人参有着超然的位置，自古很多医家都认为人参可补五脏、轻身延年，所以我想借用一下人参的旗号。

但人参毕竟是"大神"，我喜欢它的高能，但不喜欢它的高冷，我希望它能走入寻常百姓家，接地气点，所以我也把这种饮食法戏称为：**便当人参饮食法**。

饮食法精髓

1. 便当"养菌"期。

一周分为两个时期，即上班期和休假期，周一到周五为上班期，请按照我后面为大家提供的饮食食谱。最重要的是，建议大家自己动手，制作精美的便当，吃出健康，吃出美丽。对于没条件自己做饭的上班族来说，点外卖的时候也可以参考后面的食谱，选择健康食材。

2. 美食"幸福"期。

周六、周日，是大部分人的一个小休息期，这两天时间里，真的建议大家，给自己和家人做一顿美味的大餐，奖赏一下辛苦一周的自己。睡到自然醒，美美地吃一顿，吃饱了之后和朋友或家人出去运动一下，到户外游玩一番，既锻炼身体，也放松心情。

3. 餐后"百岁"期。

每餐后不要马上坐下或者躺下，"饭后百步走，活到九十九"这句老话，大家应该都知道，真的是长寿秘籍。饭后走走可以帮助胃肠蠕动，促进消化吸收，给我们的肠道菌群提供好的环境。

第六章

不同体质的
养菌食谱

注意啦

阳虚体质：总是怕冷的人

给阳虚体质者的饮食建议：

面粉、藜麦、豆油、酒、醋、糯米、粳米、玉米、黄豆、黑豆、豌豆、赤小豆、黑芝麻、生姜、大葱、大蒜、韭菜、芥子、胡椒、胡萝卜、香菜、龙眼、荔枝、莲子、核桃、花生、栗子、乌梅、杨梅、樱桃、石榴、木瓜、橄榄、李子、橘子、桃、榴梿、杧果、桂圆、红枣、苹果、羊肉、猪肉、鹅肉、鸽肉、牛奶、鸡蛋、黄鳝、虾、草鱼、鲤鱼、银鱼、大黄鱼、泥鳅等。

功效： 利于排出肠胃中积存的气体，起到健胃行气的功效。

茴香小饼

🍄 食材 （2 人份）

小茴香···150g 面粉······80g 鸡蛋······100g 花椒粉······2g

盐···········2g 油······20ml 蚝油······5ml 清水······100ml

🫑 做法

1. 将小茴香洗净，摘掉根茎部分，留下叶子。

2. 面粉加水调成面糊，加盐、蚝油搅拌均匀，面糊的稀稠程度自己掌握。

3. 面糊中加入一个鸡蛋搅拌均匀，放入花椒粉，最后倒入茴香，充分搅拌均匀，如果喜欢口感细腻一点的可以将茴香切碎，务必让每一根茴香都裹上面糊。

4. 在平底锅中放油烧热后倒入面糊，迅速用铲子把面糊摊开压平，面糊成形后翻面，小火继续煎至两面金黄即可。

5. 把茴香饼摊在菜板上，用饼干模具压出花型即可。

备注：10g鲜人参可用4g红参片代替。

功效： 具有补气、健脾益肺、生津安神、补肾助阳的功效。

人参核桃羊肉汤

🍄 食材 （2人份）

羊肉……300g	鲜人参……10g	铁棍山药……75g	栗子仁……75g
核桃仁……40g	广陈皮……8g	红枣……20g	生姜……9g
清水……1500ml	白酒……8ml	盐……5g	

🍲 做法

1. 将羊肉洗净，切块，放进加有橘叶（或柚叶、柠檬叶、黄皮叶、陈皮均可去除羊肉的腥臊味）的沸水中稍微焯一下，捞出后用冷水冲洗干净。

2. 将铁棍山药削皮，洗净，切成滚刀块。将红枣劈开，去核；将生姜洗净，切成片。将广陈皮用水润软，切成宽丝。

3. 将所有食材一起置于砂锅内，加入清水、白酒适量，用武火煮沸后改用文火熬煮2小时。

4. 根据个人口味加入盐调味即可。

功效： 具有补肾益精、滋阴补阳的功效。

备注：绿豆也可替换成萝卜约 5 片。

苁蓉羊肉汤

🌰 食材 （2 人份）

羊肉……200g　　肉苁蓉……6g　　续断……6g　　清水……1500ml

生姜……9g　　葱……10g　　盐……5g　　绿豆……5g

🍲 做法

1. 将羊肉洗净、切块，放入锅内与绿豆或萝卜加水炖煮。

2. 大火将羊肉汤加葱姜煮沸 15 分钟后，将绿豆或萝卜和水一起倒掉，去除膻味。

3. 锅内的羊肉重新加入清水、肉苁蓉、续断，用小火煨至羊肉烂熟，加入盐搅拌均匀即可。

功效： 具有行气健脾、暖胃、温补散寒、止胃痛、排毒的功效。

白胡椒猪肚汤

🍄 食材 （2人份）

半个猪肚……250g（处理过后应200g左右）　　排骨……150g

白胡椒粉……3g　咸菜……30g　　清水……1500ml　盐……2g

🍲 做法

1. 翻转猪肚去除脂肪，用盐和淀粉擦匀揉搓，用清水清洗干净，此步骤重复3次。将彻底洗净的猪肚放入清水中，煮3分钟后捞起用刀切去残留的白色肥油，最后用冷水清洗干净。

2. 将咸菜洗净切片，用清水浸泡30分钟。将排骨洗净切块，放入清水中大火煮沸，撇去血沫后捞起备用。将白胡椒粒洗净，稍拍碎。

3. 将猪肚、排骨和白胡椒粒，放入锅中加清水大火煮开，转中小火煲2小时，取出猪肚切片。

4. 将切好的猪肚放回汤中，同时加入咸菜片，再煮10分钟，加盐调味即成。

功效: 具有补肾益精、补血活血的功效。

虫草花鱼胶汤

🍄 食材 （2 人份）

虫草花……10g   玉竹……9g   鱼胶……4 个   排骨……250g

沙参……3g   清水……400ml

🍲 做法

1. 将排骨放入凉水中，开火焯水后把排骨捞出放入炖盅内备用。

2. 将鱼胶清洗干净后，剪成块状与虫草花。玉竹、沙参一起放入炖盅内。

3. 将清水加入炖盅内隔水炖煮 3 小时即可。

功效：具有润肺补虚、止血止带的功效。

牛骨髓汤

🍅 食材 （2 人份）

牛骨髓骨……2 块　　竹荪……50g　　　生姜……9g　　　　胡椒粉……1g

盐……5g　　　　　田七叶……2 片　　清水……1500ml

🫑 做法

1. 将牛骨髓骨，姜片，放入锅中，加清水用大火烧开，撇去浮沫，转小火煲 2 小时。

2. 在锅中加入竹荪，转文火煲 30 分钟。

3. 在汤中调入盐和白胡椒粉，关火后放入田七叶即可。

功效：具有温中养血、祛寒止痛的功效。

当归生姜羊肉汤

🍄 食材 （2人份）

当归……4g　　　　生姜……8g　　　　羊肉……300g

盐……2g　　　　　清水……1500ml

🌶 做法

1. 将羊肉洗净切块、生姜洗净切片，与当归一起放砂锅内。

2. 加适量清水煮至羊肉熟烂。

3. 将汤内当归、生姜挑出即可。

功效： 具有温肾壮阳、补中益气、提高身体抵抗力的功效。

肉桂炖牛肉

🎈 食材 （2人份）

牛腩……250g　　肉桂……3g　　陈皮……3g

生姜……9g　　砂仁……2g　　盐……2g　　清水……400ml

🍅 做法

1. 将肉桂刮去粗皮，砂仁打碎，陈皮、生姜洗净切片。

2. 牛腩洗净切块，焯水去除血沫后捞出。

3. 把全部材料放入炖盅内，加适量清水。

4. 隔水炖1～2小时后依照个人口味加盐调味即可。

功效：具有补肾益气、健壮骨筋的功效。

红烧鳝鱼

🥦 食材 （2人份）

净鳝鱼片……500g	大蒜……75g	郫县豆瓣酱……40g
盐……2g	酱油……15ml	葱段……10g
姜片……6g	味精……1g	水淀粉……15g
高汤……400ml	熟菜籽油……100ml	料酒……10ml

🫑 做法

1. 将郫县豆瓣酱剁细，大蒜去除外皮、洗净，放入冷水锅内煮熟待用。

2. 将炒锅置旺火上，放熟菜籽油烧至七成热，放入鳝鱼炒至断生。

3. 加入郫县豆瓣酱、姜片、葱段炒香至油呈红色时，加高汤、酱油、盐、大蒜烧沸入味至软熟，放味精、水淀粉待收汁后起锅即可。

功效：具有益气、散寒的功效。

大葱炒羊肉

🍄 食材 （2人份）

羊肉……200g　　葱白……200g　　干辣椒……1.5g　　香菜……5g

孜然粉……2g　　生抽……13ml　　生姜……3g　　料酒……6ml

花生油……2ml　　蚝油……8ml　　盐……2g

🌶 做法

1. 将葱白、辣椒切段备用。

2. 将羊肉切片，加入孜然粉、生抽、生姜、3ml料酒拌匀腌渍1小时。

3. 起锅烧油，大火将油烧至七成热后放干辣椒炒香，再放羊肉炒到断生，也就是不见血色，出锅备用。

4. 另起锅，把油烧热后放入葱段爆香后加盐炒匀，倒入刚才的羊肉回锅，炒到大葱变软，加3ml料酒，香菜炒匀即可。

功效： 具有升阳、补肾、固肾的功效。

鲜虾蒸蛋

🎈 食材 （2 人份）

鲜虾……5 只　　　鸡蛋……200g　　　纯牛奶……250ml

盐……1g　　　酱油……20ml　　　葱花……1g

🫑 做法

1. 将 5 只鲜虾放入碗中，加入适量的冰水浸泡 10 分钟后捞出，剥壳，去除虾线后将虾切成小粒放入碗中备用。

2. 将鸡蛋打入碗中，加入纯牛奶、盐，然后顺着同一个方向搅拌 3 分钟后备用。

3. 将蛋液与虾仁搅拌均匀之后倒入盘中，然后用保鲜膜密封，放入锅中开中火蒸 8 分钟后将蒸蛋取出撒上葱花、酱油即可。

功效: 具有养胃益气、强身健体的功效。

酸汤肥牛

🍄 食材 （2 人份）

肥牛……300g	金针菇……150g	绿豆芽……100g	姜……9g
蒜蓉……16g	红剁椒……20g	白醋……15ml	黑胡椒……2g
麻椒……2g	盐……2g	辣椒圈……2g	清水……适量（没过食材即可）

🫑 做法

1. 将金针菇、绿豆芽、肥牛焯水，装进碗里。

2. 起锅烧油，加入姜、蒜蓉和红剁椒炒香后，加清水没过后烧开，再加少许胡椒盐和白醋，搅拌均匀后倒出备用。

3. 将适量麻椒、辣椒圈铺在汤上，淋上热油即可。

功效： 具有补肾助阳、健胃消食、改善便秘的功效。

韭菜炒鸡蛋

🍅 食材 （2 人份）

新鲜韭菜……150g　鸡蛋……100g（大鸡蛋可 2 个，小鸡蛋可 3 个）

食盐……2g

🫑 做法

1. 将韭菜洗净切小段，鸡蛋搅匀后备用。

2. 起锅烧油，大火将油温烧至九成热时，将搅匀的鸡蛋放入锅内先煎成大块的鸡蛋饼。

3. 将韭菜放入锅内与鸡蛋一起炒熟即可。

功效： 具有养胃健脾、补肾强筋、活血止血的功效。

板栗烧鸡

🍄 食材 （2 人份）

带骨鸡肉……750g　　板栗肉……150g　　清水……500ml

绍酒（黄酒）……6ml　　酱油……13ml　　生粉……2g　　盐……少许

胡椒粉……1g　　香油……3ml　　葱……3g　　姜……3g

🍖 做法

1. 将带骨鸡肉洗净，剁成块。将板栗肉洗净滤干，葱切成段，姜切成薄片。

2. 起锅烧油，油热后放入板栗肉炸成金黄色，捞出控油备用。再烧热油锅煸炒鸡块至水分稍干，加入绍酒、姜片、盐、酱油和清水焖 3 分钟左右。

3. 取瓦钵 1 只，将炒锅里的鸡块连汤一起倒入，小火煨至八成烂，加入炸过的板栗肉，继续煨至软烂。

4. 将全部食材倒入炒锅，放入味精、葱段，撒上胡椒粉，煮滚，用生粉加水勾芡，淋入香油即可。

功效: 具有健脾
养胃、温中下气
的功效。

肉末刀豆

🌰 食材 （2人份）

刀豆……250g   胡萝卜……100g   大蒜……8g   肉末……100g

葱……5g   姜……3g   糖……1g   盐……2g

胡椒粉……1g   生抽……8ml   清水……适量

🫑 做法

1. 将刀豆和胡萝卜切丝，大蒜切碎后备用。

2. 将葱、姜切末，加入肉末和盐、糖、胡椒粉和生抽搅拌均匀后备用。

3. 起锅烧油，油温热下调好味的肉末，炒至变色，盛出备用。

4. 原锅倒油，油热下蒜碎、刀豆丝和胡萝卜丝，炒至变色，加适量清水，盖锅盖，焖2分钟。

5. 将炒好的肉末下锅，全部炒均即可。

功效： 具有补肾益精、养血润燥、通便利尿的功效。

葱烧海参

🥦 食材 （2人份）

泡发海参……4个　　胡椒粉……15g　　料酒……15ml

糖……8g　　　　生抽……15ml　　葱段………50g

蚝油……10ml　　食用油……20ml　淀粉……2g

🦪 做法

1. 起锅烧油，将葱段放入锅中，小火慢慢焙葱油，直到葱段焦黄甚至发黑，此步骤大概需要7分钟。

2. 将变黑的葱段捞出扔掉，再加入新的葱段，煎到焦黄捞出。

3. 葱油继续留在锅中，将蚝油、生抽、泡发海参放入锅中煮3分钟后，盛出备用。

4. 原锅中放糖、料酒以及胡椒粉，加水煮开后放入水淀粉勾芡，汤汁黏稠后淋到海参上即可。

功效： 具有补肝补肾、养血润燥、乌发补脑的功效。

三黑米糊

🍄 食材 （2 人份）

黑米……20g　　黑芝麻……16g　　黑大豆……20g

黑枣……10g　　清水……500ml

🥣 做法

1. 不用放油，将黑芝麻先下锅小火干炒香，如用熟黑芝麻即可省略此步骤。

2. 将黑豆、黑芝麻、黑枣和黑米放入破壁机内，加入清水然后按下米糊功能，搅打 20 分钟左右即可。

功效： 具有滋肾润肺、益气养血的功效。

补肾八宝粥

🍄 食材 （2 人份）

黑豆……10g	黑米……10g	大米……30g	黑芝麻……8g
百合……10 片	薏仁……10g	核桃……15g	花生……2g
红糖……50g	清水……1000ml		

🫑 做法

1. 将食材中所有五谷类食材用清水浸泡 5 小时。

2. 将锅内加入清水，放入所有食材然后小火煨煮至粥状即可。

功效: 具有滋补强壮、增强免疫力的功效。

葱白红枣鸡肉粥

🍄 食材 （2人份）

去核红枣……50g　　葱白……20g　　鸡肉块（连骨）……100g

芫荽……10g　　生姜……10g　　粳米……60g

清水……1000ml　　盐……2g　　胡椒粉……1g

🌶 做法

1. 将粳米、鸡肉块、生姜、去核红枣放入锅中加清水慢火煨煮至粥状。

2. 粥熟后再加入葱白、芫荽、盐、胡椒粉调味服用，每日1次。

功效： 具有温肾固精、温脾止泄的功效。

益智仁粥

🎈 食材 （2人份）

益智仁……5g　　糯米……70g　　盐……1g　　　　清水……1200ml

🌶 做法

1. 将益智仁研为细末。

2. 锅中加入糯米和清水慢火煨煮至粥状。

3. 粥熟后调入益智仁末，加盐少许，稍煮片刻至粥浓稠后关火即可。

4. 每日早晚餐温热服。

功效: 具有补气血、生津润肠的功效。

牛奶山药燕麦粥

🍄 食材 （2人份）

牛奶……500ml　　山药……70g　　燕麦……10g

🫑 做法

1. 将山药洗净去皮切丁；将山药丁和鲜牛奶倒入锅中。

2. 锅中加入麦片轻轻搅拌，用小火煮至熟烂，关火即可。

功效： 具有补中益气、暖胃、解热、发汗的功效。

生姜红糖饮

🍄 食材 （2 人份）

生姜……15g　　　红糖……30g　　　红枣……15g　　　清水……900ml

🫑 做法

1. 锅中加入清水、红枣、生姜、红糖。

2. 用大火煮 10 分钟，即可。

功效： 具有补肺肾、润肠燥、消食积的功效。

山楂核桃饮

🍄 食材 （2 人份）

核桃……70g　　　山楂……50g　　　蜂蜜……30 ml　　　清水……500ml

🫑 做法

1. 将山楂洗净，切开去核，核桃仁洗净。

2. 将山楂片和核桃仁放入搅拌机，倒入少量清水，搅拌成糊状。

3. 将混合物倒入小锅中，再根据需要加少许水，用小火加热。

4. 加热期间不停搅拌以防粘锅，煮至沸腾即可。

5. 待晾至温热，调入蜂蜜搅拌均匀。

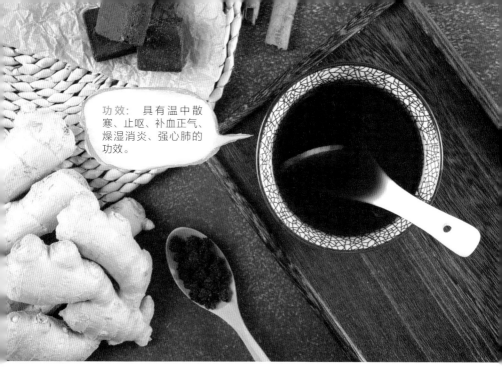

功效: 具有温中散寒、止呕、补血正气、燥湿消炎、强心肺的功效。

姜枣茶

🍄 食材 （2人份）

生姜……100g　　　红枣……250g　　　红糖……50g　　　清水……500ml

🗒 做法

1. 将红枣用清水冲洗干净，去核，切碎备用。

2. 将生姜洗净榨汁。

3. 把切碎的红枣和姜汁放进锅内，加入清水，用小火慢慢煮。

4. 煮开后，放入红糖，一边煮一边搅拌，煮至黏稠即可。

5. 冷却后装瓶，放入冰箱，每次喝时，舀两大勺倒入沸水冲调即可。

功效： 具有补脾和胃、益气生津、养血安神的功效。

龙眼红枣茶

🍄 食材 （2 人份）

红枣……30g　　　　　　龙眼肉……6 粒　　　　　　开水……600ml

🍫 做法

1. 将红枣洗净、去核，切碎。将龙眼肉洗净备用。

2. 将红枣碎、龙眼肉放入杯中，加入开水冲泡，再加盖闷约 20 分钟，即可滤入杯中饮用。

功效： 具有生津止渴、健脾健胃、清热祛暑的功效。

柠檬红茶

🍄 食材 （2 人份）

新鲜柠檬片……2 片 　　　　红茶……400ml 　　　　冰糖……10g

🫑 做法

1. 泡制红茶制取红茶水。

2. 杯中加入冰糖，新鲜柠檬片，将泡好的红茶水倒入杯中搅拌，直至冰糖完全融化即可。

气虚体质：疲劳气短的人

给气虚体质者的饮食建议：

黄芪、茯苓、粳米、糯米、小米、黄米、大麦、山药、莜麦、土豆、鸡肉、鹅肉、兔肉、鹌鹑、牛肉、鸽子、青鱼、鲢鱼、红枣、葡萄干、苹果、红薯、南瓜、胡萝卜、香菇、豆腐、百合、石斛等。

功效： 具有散寒燥湿，利气消疾，有利于止咳、健脾消食的功效。

橘红糕

🍄 食材 （2 人份）

橘红……5g　　　　米粉……250g　　　　白糖……100g

🫑 做法

1. 将橘红研磨成细末，与白糖调匀为馅。
2. 将米粉用水揉成面团，包入刚做好的橘红陷，擀成方形。
3. 入笼蒸制时要用沸水旺火快速蒸 18 分钟。
4. 切块后边缘要撒些熟面粉，以免粘连。

功效： 具有和血补中、补脾益胃、通便、益气生津、润肺滑肠的功效。

红薯糯米饼

🍅 食材 （2 人份）

红薯……300g　　　糯米粉……60g　　　芝麻……适量

🍳 做法

1. 将红薯洗净去皮，切小块，上锅蒸熟后取出捣成泥。

2. 在红薯泥中放入糯米粉，搅拌均匀和成面团。

3. 将和好的面团分成若干个小面团，揉成一个红薯糯米球，按扁做成饼状，然后撒上适量芝麻，煎熟即可。

功效： 具有补中益气、养肝滋阴、补血养颜、益精明目的功效。

党参乌鸡汤

🥦 食材 （2人份）

乌鸡……500g　　党参……3g　　当归……3g　　白莲子……10g

黄芪……3g　　百合……10g　　红枣……10g　　枸杞……5g

清水……1500ml

🥘 做法

1.将乌鸡用刀斩成块，然后用温水清洗两遍，接着冷水入锅，焯水之后用温水冲洗掉碎渣和浮沫，沥干水分备用。

2.将所有的材料用清水泡洗干净后连同乌鸡一起放入汤锅中，并加入适量清水，用大火把汤烧开，然后转小火慢炖2小时，加入适量食盐调味即可。

功效：具有健脾和胃、利水消肿的功效。

山药鲫鱼汤

🥦 食材 （2人份）

鲫鱼……200g　　山药……200g　　花生油……18ml　　清水……1000ml

盐……5g　　　　葱花……5g　　　香油……1ml

🍲 做法

1. 将鲫鱼去鳞、鳃、内脏，洗干净后加少许盐稍腌一会儿。

2. 把山药去皮，洗净，切成块备用。

3. 起锅烧油，放入鲫鱼两面煎至金黄。

4. 烹入料酒，加清水、山药块煮熟，撒上盐、葱花，出锅时淋香油即可。

功效： 具有滋五脏之阳、清虚劳之热、补血行水、养胃生津的功效。

山药鸭汤

🎈 食材 （2 人份）

鸭腿……300g　　葱白……10g　　姜片……6g　　橙子皮……3g

党参……3g　　黄芪……1g　　山药段……150g　　盐……5g

清水……1000ml

🍲 做法

1. 将鸭腿去骨，把肉切大块，和骨头一起备用。

2. 将鸭肉和鸭骨焯水，去除杂质后捞出洗净，放进干净的高压锅里，再放入葱白、姜片、陈皮、党参、黄芪，大火煲 15 分钟。

3. 15 分钟后，撇掉汤面上的油脂后放入山药段，开盖煮至山药熟烂即可。

功效： 具有益气、活血、利水、和胃的功效。

黄芪鲢鱼汤

🥦 食材 （2人份）

鲢鱼……500g	莲藕……100g	黄芪……10g	胡萝卜……100g
红枣……15g	味精……2g	盐……4g	黄酒……6ml
姜片……5g	植物油……100ml	清汤……1000ml	

🫑 做法

1. 将鲢鱼刮鳞、去鳃，开腔去除内脏，洗去血水沥干。

2. 将黄芪、红枣洗净；莲藕、胡萝卜洗净去皮，切块待用。

3. 起锅烧油至六成热，放鲢鱼煎至两面黄，再放姜片煸香，烹入黄酒，加适量清汤。

4. 锅中放入黄芪、红枣、莲藕块，用大火烧开后，转小火慢煲1小时。

5. 再加入胡萝卜块用小火煲30分钟，加盐、味精调味即可。

功效： 具有补气升阳、固表止汗、利水消肿、生津养血、补中益气的功效。

黄芪蒸鸡

🍄 食材 （2 人份）

生黄芪片……20g　母鸡……600g　　盐……5g　　　黄酒……6ml

葱……20g　　　姜……9g　　　胡椒粉……2g

🫑 做法

1. 将母鸡洗净，焯水去除血沫，再用冷水冲洗干净，沥干。

2. 将生黄芪片冷水浸泡 2 小时左右，洗净后塞入鸡腹内。

3. 将葱洗净切段，姜洗净切厚片备用。

4. 将鸡放入容器内，加入葱段、姜片、黄酒、盐，用绵纸封口，上屉蒸 1.5 ~ 2 小时，取出加入胡椒粉调味即可。

功效： 具有补虚理气的功效。

土豆炖鹅肉

🍄 食材 （2人份）

鹅肉……500g   土豆……150g   葱……20g   姜……9g

八角……2g   花椒……2g   生抽……20ml   料酒……6ml

清水……500ml

🌶 做法

1. 将鹅肉剁小块，焯水后洗净血沫备用。

2. 起锅烧油，下入姜、葱炒出香味后放入鹅肉煸炒。

3. 鹅肉中加入料酒、生抽、花椒、八角炒香后加水和盐一起倒入高压锅，上汽后炖煮20分钟即可。

功效： 具有补中益气、补精填髓的功效。

小鸡炖蘑菇

🍴 食材 （2 人份）

鸡……600g	干榛蘑……100g	干香菇……4 朵	老抽……20g
酱油……30ml	冰糖……10g	盐……3g	大葱……20g
姜……9g	食用油……30ml	香叶……2 片	八角……1g
桂皮……2g	花椒……1g	白芷……2g	开水……500ml

🍅 做法

1. 将鸡清洗干净，切块后用清水浸泡 2 小时左右，去掉血水。将干榛蘑、干香菇用清水泡发，反复清洗干净。取一块纱布，将大葱、姜片、香叶、八角、桂皮、花椒和白芷包成调味包。

2. 起锅烧油至五成热后，将浸泡干净的鸡块倒入锅中翻炒，将鸡块中的水分炒干后，加入老抽、酱油、冰糖和盐，继续翻炒均匀。

3. 在锅中加入开水，水量没过鸡块，加入调味包和泡发的榛蘑、香菇，大火烧开后，转中小火，盖上锅盖小火炖 1 小时左右，剩余少量汤汁时，改成大火略微收汁即可。

功效： 具有健脾养胃、增强食欲、强健身体的功效。

牛肉炖萝卜

🍄 食材 （2 人份）

牛肉……350g　　萝卜 (红皮儿)……500g　　黑豆……30g

葱……30g　　姜……15g　　清水……900ml

🍲 做法

1. 将萝卜清洗好后切块备用。将牛肉放入冷水中焯水备用。将黑豆泡 4 小时备用。将葱切断，姜切片备用。

2. 起锅烧油，待油温烧至五成热后放入焯好的牛肉煸炒，加入葱段、姜片，翻炒。

3. 将泡好的黑豆放入，加水蒸炖 1 小时后加入萝卜炖 1 小时，出锅时加入盐即可食用。

功效： 具有健脾补肺、固肾、益精的功效。

油菜炒香菇

🎈 食材 （2 人份）

油菜……500g   香菇……5 朵   食用油……10ml

盐……2g   酱油……7ml   水淀粉……2ml

🫑 做法

1. 将油菜洗净，沥干水分；香菇切小块备用。

2. 炒锅烧热，放油，以中火先将香菇块炒香，放入油菜与所有调料后加水淀粉，快炒均匀后，盛盘。

功效： 具有补中益气、清热润燥、生津止渴、清洁肠胃的功效。

家常豆腐

🍄 食材 （2 人份）

北豆腐……400g	鸡精……1g	葱……4g	姜……3g
蒜……2g	生抽……13 ml	豆瓣酱……4g	辣酱……10g
白糖……2g	青、红椒……70g	清水……少许	

🍲 做法

1. 将北豆腐放入蒸锅中蒸 10 分钟左右，取出放凉后将北豆腐切成薄厚适中的菱形块，备用。

2. 起锅烧油至六成热左右，放入北豆腐块，煎至两面金黄出锅备用。

3. 将青、红椒切段，锅内用炸豆腐的油烧至七成热时放入葱、姜、蒜爆香，放入辣酱、豆瓣酱，炒出红油后放入煎好的北豆腐块，翻炒均匀，放入糖、生抽继续翻炒，最后加少许清水翻炒。

4. 待汤汁快收干时，放入少许盐和鸡精出锅即可。

功效： 具有润肠通便增强机体免疫力、抗癌美容、养肝降压的功效。

白菜豆腐炖菌类

🍄 食材 （2 人份）

白菜……150g　　鲜豆腐……150g　　香菇……50g　　鸡肉……100g

金针菇……100g　　水……400ml　　盐……2g

🫑 做法

1. 将白菜洗净，切竖条备用。

2. 将金针菇，香菇洗净，焯水备用。

3. 将豆腐切成 3 厘米小块儿，将鸡胸肉切成 1 厘米小块备用。

4. 将葱、姜切末备用。

5. 起锅烧油，油温烧至五成热后放入鸡块煸炒至断生后加入葱末，姜末。

6. 待鸡块煸炒出香味后再放入香菇翻炒，最后加入白菜条煸炒 5 分钟后，加入清水，放入豆腐开始炖煮，最后放入盐调味即可。

功效： 具有益气健脾的功效。

凉拌白扁豆

🎈 食材 （2人份）

白扁豆……300g　　　香油……3ml　　　盐……2g　　　生抽……8ml

蒜……5瓣

🍲 做法

1.将白扁豆摘去两头去掉老筋，洗净切丝。

2.将处理好的白扁豆放入开水锅中焯水至熟，立刻放入冷水浸泡。

3.将蒜捣成泥，加盐、生抽调成料汁，倒入沥干水分的白扁豆上，加几滴香油调匀即可。

功效： 具有滋阴润燥、调和阴阳、生津解渴的功效。

黄 豆 浆

🎈 食材 （2 人份）

黄豆……60g　　　水……500ml（容量可根据个人需要随意增减）

🫑 做法

1. 将黄豆用冷水浸泡 6 ～ 16 小时，备用。

2. 把浸泡过的黄豆放入豆浆机，加入适量水，打碎煮熟，再用豆浆滤网过滤后即可。

功效：具有补中益气、健脾养胃的功效。

红枣糯米粥

🎈 食材 （2 人份）

糯米……80g   枣……70g   清水……1200ml   红糖……少许

🍲 做法

1. 将糯米和红枣淘洗干净，用水浸泡半小时。

2. 锅中加入适量水，用大火烧开后，将泡好的糯米滤去水，倒入开水中，放入红枣，用勺子搅动，使米粒不会粘在锅底，烧滚后转小火，加盖留小缝，炖煮20 分钟。

3. 注意观察，不要让粥溢出来，开盖持续用勺子搅拌，再炖煮 10 分钟左右即可出，加适量红糖搅匀趁热食用。

功效：具有益元气、补五脏、抗衰老的功效。

人参粥

🍄 食材 （2 人份）

人参末……3g　　　粳米……80g　　　冰糖……10g　　　清水……1200ml

🌶 做法

1. 将粳米淘洗干净；将人参末、粳米一起放入锅中。
2. 锅中加入清水用大火烧开后改用小火慢煮至粥成，加入冰糖调味即可。

功效： 具有健脾益胃、利水渗湿、宁心安神的功效。

茯苓山药粥

🍄 食材 （2 人份）

山药……10g   白茯苓（去黑皮）……10g   粳米……80g

生姜……10g   盐……2g   清水……1000ml

🍲 做法

1. 将白茯苓、生姜水煎，去渣取汁。

2. 将粳米加入药汁煮粥，快熟时加入少许盐，搅拌均匀即可。

功效： 具有补气升阳、益气固表、利水消肿的功效。

黄芪白术粥

🍄 食材 （2人份）

黄芪……3g   白术……3g   枸杞……2g

粳米……80g   白糖……10g   清水……1500ml

🫑 做法

1. 将黄芪、白术、枸杞加水煎取汁备用，加入粳米、白糖煮粥服食。

2. 也可用粳米、白糖煮粥后，将黄芪、白术研粉，调入稀粥中服食。

功效: 具有补脾养胃、生津益肺、补肾涩精的功效。

备注: 100g 山药也可用 45g 干山药片代替。

山药粥

🍄 食材 （2 人份）

山药……100g　　粳米……80g　　清水……1200ml

🍲 做法

1. 将干山药片泡发或用新鲜山药，洗净、去皮、切片后备用。

2. 将粳米和山药加入清水煮粥，作早、晚餐食用即可。

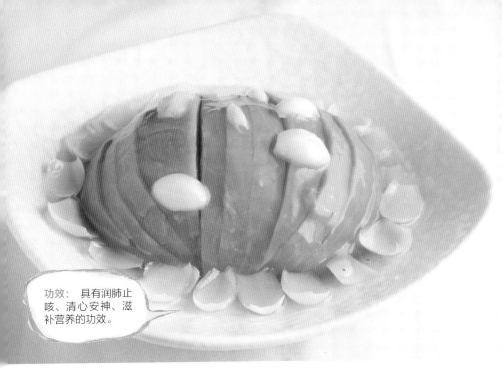

功效： 具有润肺止咳、清心安神、滋补营养的功效。

南瓜蒸百合

🍄 食材 （2人份）

南瓜……300g　　　红枣……10g　　　百合……10g　　　水淀粉……5ml

🍲 做法

1. 将南瓜去皮切块去籽备用；百合去除外面一层不太好的鳞瓣，剥开洗净；红枣洗净备用。

2. 将南瓜块在盘子中摆成花形，再将红枣和百合放在中间。

3. 锅里放入适量的水，放进装好材料的盘子，隔水用大火烧开后转中火蒸12分钟。

4. 取出盘子后将盘子里的水倒回一个干净的小锅里用小火煮开后调入水淀粉淋在蒸好的南瓜上即可。

功效： 具有滋补肝肾、益精、补气的功效。

黄芪红枣茶

🎈 食材 （2人份）

黄芪……3g　　　　红枣……10g　　　　清水……500ml

🌶 做法

1. 将红枣用温水泡发洗净后去核（如果体质比较寒的也可以不去核）。

2. 将黄芪和红枣用清水浸泡20～30分钟（正常煎中药都需要把药材泡20～30分钟，以便于药性的析出）。

3. 锅内加入浸泡药材的水，以及黄芪和红枣，大火煮至沸腾后转小火煮20分钟以上（不要用电磁炉，要用明火）。

功效： 具有补气养血、明目清肝、滋补肝肾的功效。

红景天桂圆大枣茶

🍄 食材 （2人份）

红景天……5g　　　红枣……15g　　　桂圆肉……15g　　　三七……5g

清水……500ml

🫑 做法

1. 将红景天当作茶叶来泡水喝，加入桂圆肉、红枣、三七和红景天一起泡水。

2. 红景天、三七需要用85℃到95℃的温开水泡茶，不要使用滚开的热水，以免影响药性。

功效： 具有清热、养阴、开胃、健脾、补肾、补肝的功效。

石斛枸杞茶

🎈 食材 （2 人份）

铁皮石斛……5 粒　　　　枸杞……2g

🫑 做法

1. 一次取 5 粒左右铁皮石斛和枸杞用开水泡，可多次反复冲泡。

2. 随着茶汤泡的时间越久，铁皮石斛会慢慢从卷曲变直，当完全舒展后拿出来吃掉即可。切记一定不要把铁皮石斛丢了，大部分胶质和营养物质还在铁皮石斛里面。

功效： 具有补气血、强筋骨、利小便的功效。

备注：蜂蜜不可以用热水冲泡！

葡萄饮

🍄 食材 （2 人份）

葡萄……8 粒　　　蜂蜜……30ml　　　清水……500ml

🫑 做法

1. 将新鲜无籽葡萄洗净剥皮放入杯中。

2. 杯中倒入蜂蜜，可根据个人口味用量倒入纯净水轻轻搅拌即成。

功效： 具有养心、安神、补气血的功效。

花生红枣米糊

🍄 食材 （2人份）

大米……50g   熟花生……10g   红枣……15g   黄豆……10g

清水……700ml

🫑 做法

1.将大米、黄豆洗净泡软备用。

2.将花生去皮，加入泡好的大米、黄豆、红枣一起放入豆浆机添水搅打成米糊，煮沸后食用，可加入冰糖调味。

痰湿体质：爱水肿的人

给痰湿体质者的饮食建议：

冬瓜、黄瓜、芹菜、韭菜、白萝卜、荸荠、紫菜、海蜇、洋葱、枇杷、扁豆、卷心菜、淮山药、赤豆、魔芋、白术、苍术、茯苓、猪苓、陈皮、山药、薏仁、赤小豆、泽泻、藿香、佛手、佩兰、车前子、白豆蔻、半夏、竹茹、昆布、海藻等。

功效：具有除痰润肺、解毒生津的功效。

白萝卜丝饼

🍄 食材 （2 人份）

白萝卜丝……200g　鸡蛋……100g　面粉……80g　葱末……10g

盐……2g　蚝油……5 ml　胡椒粉……1g　花椒粉……1g

十三香……1g　清水……100ml　食用油……20ml

🍲 做法

1. 将白萝卜丝加入葱末、鸡蛋、面粉，调匀。

2. 在白萝卜丝中加入所有调料，搅拌均匀，加入清水和成稍微稠一点的白萝卜面糊。

3. 平底锅放适量油，油热后放入白萝卜面糊，摊开，煎至两面金黄即可。

功效: 具有健脾
养脾、养胃健胃、
补血养血、补气益
气的功效。

玉米饼

🌶 食材 （2 人份）

玉米面……80g　　糯米粉……20g　　玉米粒……10g　　葡萄干……5g

鸡蛋……100g　　牛奶……100ml　　白糖……5g　　食用油……20ml

🫑 做法

1. 用热水将玉米面调开，加入糯米粉拌匀，鸡蛋加牛奶拌匀，倒入玉米面中，搅
拌成可以流动的面糊备用。

2. 将玉米糊倒入锅中煎至一面焦黄，出锅时撒入玉米粒、葡萄干即可。

功效： 具有止咳平喘、降血脂、排毒减肥的功效。

阳春荞麦面

🍄 食材 （2人份）

荞麦面……300g　　盐……2g　　　鸡精……2g　　　香油……5ml

生抽……20ml　　　葱花……5g　　　面汤……500ml

🍲 做法

1. 锅中加水，大火烧开后加盐，将荞麦面煮熟捞出备用。

2. 调一碗汤底，在开水中加入生抽、盐、鸡精、香油。

3. 调好的汤底中加入煮熟的荞麦面撒上葱花即可。

功效： 具有滋阴润燥、补血、健脾清肺、利水除湿的功效。

珍珠糯米丸子

🎈 食材 （2 人份）

肉糜……200g	嫩藕……100g	葱花……5g	咸鸭蛋黄……6 个
糯米……100g	胡椒粉……2g	盐……2g	料酒……3ml

🫑 做法

1. 将肉糜中加入切细碎的嫩藕、少许葱花搅拌均匀。

2. 将咸鸭蛋取黄备用。

3. 将糯米用温水泡约 1 小时以上，沥干待用。

4. 在搅拌均的肉糜中放入胡椒粉、盐、料酒，搅拌上劲后备用。

5. 用调制好的肉糜裹上蛋黄揉成丸子状（裹时记得手上沾点水，这样不沾手）。

6. 把一个个丸子蘸上泡好的糯米，就成了一个个珍珠丸子。

7. 上笼蒸约 20 分钟，蒸熟即可食用。

功效: 具有清热解毒、消暑解热的功效。

玉米笋炒芥蓝

🍄 食材 （2 人份）

玉米笋……100g　　芥蓝……350g　　食用油……9ml　　葱花……5g

蒜末……5g　　　　生抽……13ml　　蚝油……5ml

🌶 做法

1. 将玉米笋、芥蓝清洗干净，沥水后切成段，放入盘中备用。

2. 起锅烧油，放入葱花、蒜末炒香后放入玉米笋和芥蓝翻炒 3 分钟左右。

3. 锅内加入生抽、蚝油翻炒均匀，关火出锅即可。

功效： 具有润肺止咳、清心安神、补中益气、健脾和胃的功效。

百合炒芦笋

🍄 食材 （2 人份）

芦笋……300g　　　百合……100g　　　盐……2g　　　食用油……9ml

🫑 做法

1. 将芦笋洗净，切斜段；百合剥开，一瓣瓣清洗干净。

2. 把芦笋放入开水中焯 30 秒后放冷水中漂洗一下可以保持翠绿的颜色。

3. 起锅烧油，油热后下入百合翻炒一两分钟断生。

4. 加入处理好的芦笋翻炒几下，调入适量盐，翻炒均匀即可。

功效： 具有健胃消食、平肝润肠的功效。

洋葱炒鸡蛋

🍄 食材 （2 人份）

洋葱……200g　　鸡蛋……100g　　盐……2g

糖……2g　　蚝油……5ml　　食用油……15ml

🌶 做法

1. 将洋葱切好放盘中备用，鸡蛋放盐，打散。

2. 起锅烧油，用大火快炒鸡蛋，半熟后盛起备用。

3. 锅里放油，放入洋葱快炒断生后，加入炒过的鸡蛋，放入盐、糖、蚝油，炒 2 分钟出锅即可。

功效： 具有清热消暑、养血益气、滋肝明目的功效。

苦瓜酿肉

🍄 食材 （2 人份）

苦瓜……400g　　　猪肉……100g　　　酱油……1ml　　　香菇……4 朵

耗油……8ml　　　盐……2g

🍲 做法

1. 将苦瓜切 4 厘米长的段，去瓤；猪肉、香菇切碎，加少许盐拌匀，塞入苦瓜段中。

2. 起锅烧油，将酿好的苦瓜放入锅中，小火煎至两面金黄后加入酱油、耗油，隔水炖煮 10 分钟。

功效：具有润脏腑、益心力、清热的功效。

手撕卷心菜

🥦 食材 （2 人份）

卷心菜……500g　　番茄……100g　　葱末……5g　　盐……2g

白砂糖……1g

🫑 做法

1. 将卷心菜清洗过后撕成适当大小的块。

2. 起锅烧油，加入葱末爆香，然后加手撕卷心菜一起翻炒，炒至菜叶变软时加入番茄，稍微翻炒过后加入适量的白砂糖。

3. 当番茄开始出汁时加入适量的食盐，翻炒入味即可。

功效： 具有消痰、止咳、平喘的功效。

凉拌海带

🍄 食材 （2 人份）

泡发海带……200g　生姜……10g　　辣椒面……5g　　葱白……10g

生抽……10ml　　麻油……5ml　　醋……5ml　　　白糖……1g

味精……1g

🌶 做法

1. 将海带洗净，用热汤浸过，取出切细丝备用。

2. 将葱白、生姜均切丝，跟海带丝一起放置在碗内，加调味料拌匀即可。

功效：具有通肠润便、预防痔疮的功效。

凉拌菠菜

🍴 食材　（2人份）

菠菜……500g　　蒜泥……16g　　盐……2g

酱油……10ml　　香油……5ml

🥢 做法

1. 将锅内加水煮至沸腾后加盐，放入菠菜，烫1分钟捞出，沥干水分备用。

2. 菠菜中加蒜泥、香油、少量盐和酱油，拌匀即可。

功效： 具有益气养血、柔筋利骨的功效。

香煎金昌鱼

🍄 食材 （2人份）

金昌鱼……500g　　　盐……4g　　　孜然粉……2g

食用油……30ml

🫑 做法

1. 将金昌鱼开膛去内脏去鳞后洗净沥干水，切花刀，两面抹上少许盐。

2. 起锅烧油，油烧至八成热后放入金昌鱼。

3. 用小火将金昌鱼煎至两面金黄后撒上孜然粉即可。

功效: 具有健脾开胃、益气补虚的功效。

炸小黄鱼

🍄 食材 （2 人份）

小黄鱼……300g   料酒……6ml   盐……4g

食用油……200ml

🫑 做法

1. 将小黄鱼洗净，用盐、料酒腌渍入味。

2. 起锅烧油，放入小黄鱼炸至酥脆。

功效：具有补血益气、养胃生津、清热健脾的功效。

盐水鸭

🍄 食材 （2人份）

鸭子……500g　　　葱……20g　　　蒜泥……15g

八角……2g　　　料酒……6g　　　椒盐……4g

🥘 做法

1. 将鸭子洗净，用椒盐内外擦遍，腌渍3小时，入沸水烫后晾干备用。

2. 锅中加入清水、八角烧沸，放入葱、料酒、蒜泥，跟鸭一起烧沸，文火焖熟即可。

功效： 具有补中益气、滋养脾胃、强健筋骨的功效。

牛肉炖胡萝卜

🍅 食材 （2 人份）

牛肋条……300g	胡萝卜……200g	八角……2g	胡椒粉……2g
盐……1g	糖……1g	酱油……15ml	姜……9g
清水……500ml	鸡精……2g	香菜……5g	葱段……20g
干辣椒……1g	豆瓣酱……10g		

🍖 做法

1. 将牛肋条切块，放入沸水锅中，加入干辣椒、豆瓣酱（根据个人口味而定）、八角、胡椒粉炖煮，撇去浮沫，炖煮 20 分钟后捞出备用。将胡萝卜洗净，切成块用清水浸泡，姜切片。

2. 起锅烧油，放入姜片、辣椒、八角爆炒，待香味出来后放入煮好的牛肉，加入适量的盐，继续爆炒。

3. 将牛肉倒入砂锅内，加入适量的清水，放入姜片，先用大火炖煮约 20 分钟后改调文火慢炖至牛肉熟透。

4. 待牛肉熟透后加入切好的胡萝卜，再用大火炖煮约 10 分钟后，加入适量的盐后转文火炖约 30 分钟，加入适量的鸡精、香菜和葱段，关火盖上盖子闷约 5 分钟即可。

功效： 具有解暑热、清目的功效。

荷叶粥

🍄 食材 （2 人份）

新鲜荷叶……20g　　粳米……100g　　冰糖……10g　　清水……1000ml

🫑 做法

1. 取粳米煮粥，待粥熟后加适量冰糖搅匀。

2. 趁热将新鲜荷叶撕碎放在粥上，待粥呈淡绿色取出荷叶即可。

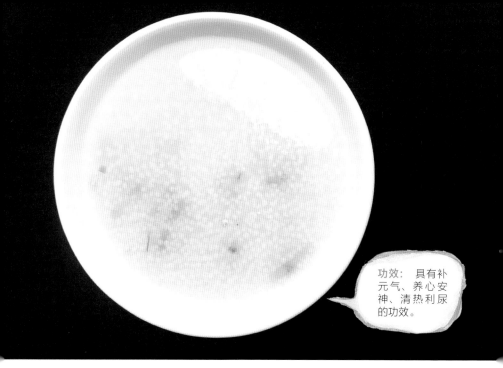

功效：具有补元气、养心安神、清热利尿的功效。

小米白茅根粥

🍄 食材 （2人份）

小米……60g　　　白茅根……3g　　　水……1200ml

🥢 做法

1. 将小米洗净后。取出中等大小的锅，加水及白茅根，煮至沸腾，然后将小米慢慢加入锅中。

2. 继续煮至沸腾，调至小火，用汤勺将表面的泡沫刮走，让粥一直处于轻微的沸腾状态，煮20分钟后搅拌一下，以防粘底。

3. 半小时后出锅即可，如果喜欢口感较稠，可以适当延长炖煮时间。

功效： 具有清热、养阴、健脾、益肾的功效。

山药冬瓜汤

🎈 食材 （2 人份）

排骨……100g	山药……60g	冬瓜……300g	食用油……15ml
料酒……3ml	鸡精……2g	大料……2g	盐……2g
葱……5g	清水……1000ml		

🍲 做法

1. 将排骨焯水，撇掉浮沫后捞出沥干。

2. 起锅烧油，把排骨煎一下断生，盛出备用。

3. 在锅中加入清水以及少许大料，大火烧开后放入排骨，转小火慢炖25分钟。

4. 把山药和冬瓜加入排骨汤中，再炖煮20分钟左右，根据个人口味调入盐与鸡精即可。

功效：具有健脾祛湿、养心安神的功效。

芡实莲子薏仁汤

🎈 食材 （2人份）

排骨……200g   芡实……20g   莲子……20g

薏仁……30g   桂圆肉……10g   白糖……20g

姜片……10g   清水……1000ml

🍙 做法

1. 将芡实、莲子、薏仁用清水浸泡30分钟以上备用。

2. 起锅烧水，排骨冷水下锅并放入姜片，大火烧开，然后用小火再煮2分钟即可捞出，用清水冲干净排骨表面的血沫，沥干水分备用。

3. 把浸泡好的莲子对半分开，去除莲子心备用。

4. 砂锅内放入排骨、芡实、莲子、薏仁和适量的清水，大火烧开，转小火再煲30分钟后放入莲子心和白糖，再煲5分钟即可食用。

功效：具有活血化瘀、利水消肿的功效。

赤豆鲤鱼汤

🍲 食材 （2人份）

赤小豆……100g　　鲤鱼……250g　　蒜……16g　　陈皮……2g

姜片……9g　　盐……4g　　清水……500ml

🍲 做法

1. 将赤小豆、鲤鱼洗净，同放瓷罐内，加清水，用大火隔水炖烂。

2. 食用前加盐调味即可。

功效：具有止咳、润肺的功效。

白菜萝卜汤

🎈 食材 （2人份）

大白菜叶子……160g   白萝卜……80g   胡萝卜……80g

豆腐……200g   辣椒酱……10g   清汤……500ml

香菜末……5g

🍲 做法

1. 将大白菜、白萝卜、胡萝卜与豆腐洗净，切成大小相仿的长条，在沸水中焯一下捞出待用备用。

2. 起锅烧油至五成热，放入辣椒酱炒香后倒入清汤，把白萝卜、胡萝卜、豆腐一起放入锅中，大火煮开后加入大白菜，再次煮开，用盐、味精调味，最后撒上香菜末盛出即可。

功效：具有滋
阴、补肾、调
中的功效。

干贝萝卜汤

🍄 食材 （2人份）

白萝卜……300g   干贝……20g   料酒……3g

盐……4g   清水……800ml

🫑 做法

1. 将干贝放入碗中，倒入料酒，放入蒸锅中蒸约30分钟。

2. 将白萝卜洗净，切成丝，萝卜叶挑嫩叶子洗净，切成小块备用。

3. 将蒸好的干贝捞出，和萝卜丝放入锅中，加水，大火煮开后，转小火煮约15分钟后加入萝卜叶即可，可加少许盐调味，也可以直接清汤食用。

功效： 具有利尿、消肿的功效。

紫菜芦笋汤

🎈 食材 （2 人份）

芦笋……200g　　　紫菜干……10g　　　香菇……10g

盐……2g　　　　　酱油……3ml　　　　香油（麻油）……5ml

清水……500ml

🫑 做法

1. 将紫菜干用温水泡发洗干净，芦笋和香菇洗干净切片。

2. 把所有材料一起放入沸水中煮熟。

3. 加入盐、酱油、麻油、起锅盛入碗内即可食用。

功效： 具有利水消肿、降压、降糖、降脂、清热去火、通便的功效。

海带冬瓜炖猪肉

🍄 食材 （2人份）

鲜海带……100g　　冬瓜……3000g　　瘦肉……100g

胡萝卜……30g　　盐……2g

🫑 做法

1. 将冬瓜去皮切块儿备用。

2. 将海带泡发后上蒸锅5~10分钟，猪瘦肉用水清洗，切成薄片备用。

3. 葱、姜切末，胡萝卜切片备用。

4. 起锅烧油，油温烧制五成热后煸炒猪肉至断生后加葱、姜末。

5. 锅内加入冬瓜、海带、胡萝卜片，稍加翻炒后，倒入适量的水开始炖煮。

6. 炖煮至冬瓜变软成半透明状后加入盐进行调味即可。

功效： 具有通气、健脾、解腻、化痰的功效。

陈皮甘草茶

🍎 食材 （2 人份）

陈皮……10g　　甘草……10g　　冰糖……10g　　水……500ml

🍵 做法

1. 将陈皮、甘草洗净，撕成小块，放入茶杯中，用开水冲入。

2. 盖上杯盖闷 10 分钟左右，去渣，放入少量冰糖。

3. 放入冰箱中冰镇后，口感更好。

功效： 具有清肝明目、消暑健脾的功效。

菊花普洱茶

🍄 食材 （2 人份）

普洱茶饼……5g　　菊花……6 朵　　冰糖……10g　　水……500ml

🍫 做法

1. 取茶碗（最好是盖碗）选择菊花少许，普洱茶 5 克左右（也就是一块巧克力大小），用沸水进行冲泡。

2. 第一次浸泡时间控制在 15 秒以内，将茶汤倒掉后再次注水，浸泡时间根据个人爱好而定，但最长的浸泡时间也不要超过 30 秒。

3. 最后依个人口味加入适量冰糖一起放入碗中。

4. 可反复冲泡。

功效： 具有生津止渴、健胃消食的功效。

乌梅山楂饮

🍄 食材 （2人份）

乌梅······28g　　　山楂······20g　　　冰糖/蜂蜜······30g

🍲 做法

1.将乌梅和山楂按照7：5的比例配好，放入盛有水的锅中煮开，小火熬制30～40分钟。

2.乌梅和山楂熬制出香味后，盛出放凉后添加冰糖或蜂蜜调味即可。

功效：具有清热解毒、止渴利尿的功效。

生 菜 绿 豆 豆 浆

🎈 食材 （2 人份）

生菜……30g　　　绿豆……30g　　　黄豆……50g　　　清水……500ml

🍲 做法

1. 将黄豆、绿豆洗净后，浸泡 6 ~ 8 小时，泡至发软备用。

2. 生菜洗净后切碎，与黄豆和绿豆一起放入豆浆机，添加清水至水位线，启动机器后，过滤后即可饮用。

湿热体质：爱长痘的人

给湿热体质者的饮食建议：

薏仁、莲子、茯苓、紫菜、红小豆、绿豆、扁豆、鸭肉、鲫鱼、葫芦、苦瓜、黄瓜、冬瓜、丝瓜、西瓜、芹菜、白菜、空心菜、卷心菜、莲藕、绿茶、花茶、绿豆、赤小豆等。

功效：具有疏肝解郁、活血化瘀的功效。

玫瑰饼

🍄 食材 （2人份）

精粉……500g　　玫瑰酱……50g　　白糖……200g　　芝麻……15g
核桃仁（切碎）…75g　熟猪油……200g　蒸熟面粉……85g　水……175 ml

🫑 做法

1. 将蒸熟面粉与白糖、核桃仁（切碎）、玫瑰酱、芝麻一并放在案上和匀，再放入熟猪油25克，用手搓匀成馅。

2. 将200克精粉与100克猪油和在一起，用手搓匀，和成油酥面。将另外300克精粉倒入盆内，先加猪油75克，用手搓匀，然后加水，揉制成皮面。

3. 将两种面团放上案，分别揪成20个剂子，把皮面剂子用手压扁，包上油酥面剂子，压扁擀成长方形，卷起再用手压扁擀开，这样反复两次，最后卷成3厘米多长的小卷，按扁，将馅包入收口，再按成圆饼形，用筷子在饼中心点一红点，放入炉里，用文火烤约10分钟即成。

功效: 具有健脾、益气的功效。

泥鳅炖豆腐

🎈 食材 （2 人份）

泥鳅……200g　　豆腐……200g　　盐……4g　　　白糖……2g

鸡精……1g　　　干辣椒……2g　　姜……9g　　　料酒……6ml

胡椒粉……2g　　葱花……5g　　　蒜……5g

🍲 做法

1. 将泥鳅洗净备用。

2. 将豆腐切小块，姜、蒜、干辣椒切碎。

3. 起锅烧油，油热下泥鳅煎至两面微黄色。

4. 将煎好的泥鳅推至一边，下干辣椒、姜蒜炸香，加料酒去腥。

5. 放入豆腐，加水炖煮至汤汁发白，加盐再炖煮 10 分钟后加胡椒粉、鸡精、葱花即可。

功效： 具有健脾、利水、明目、降压的功效。

荠菜饺子

🍴 食材 （2人份）

小麦面粉……500g　荠菜……600g　　虾皮……50g　　盐……5g

味精……3g　　　酱油……5ml　　　葱花……10g　　植物油……30ml

香油……10ml

🥢 做法

1. 将荠菜去除杂质后用清水洗净切碎，放入盆中备用。

2. 在将处理好的荠菜中加入虾皮、盐、味精、酱油、葱花、植物油、香油，拌匀成馅，将小麦面粉用水和成软硬适度的面团，揉匀后搓成长条，切成小面剂，擀成饺子皮，包入馅料，捏成饺子后备用。

3. 锅内加入清水，大火煮开后放入包好的饺子，煮熟后捞出，装入碗内，蘸上调料即可。

功效： 具有健脾
开胃、疏肝清热
的功效。

绿豆藕

🎈 食材 （2 人份）

莲藕……350g　　去皮绿豆……100g　　盐……1 小匙

🌶 做法

1. 将去皮绿豆洗净，加水浸泡 2 小时。

2. 莲藕去皮洗净后，将莲藕的靠近顶端的地方用刀切断，将浸泡好的绿豆灌入莲藕的孔中，一边灌一边用筷子压实。

3. 将切下来的莲藕盖子扣回原来位置上，四周用牙签固定。

4. 将莲藕放入锅中，将剩下的去皮绿豆也一并放锅中，加水，大火烧开后小火煮 1 小时后放入盐，再加盖小火煮 10 分钟后即可将莲藕取出切成块，和汤一起食用。

功效： 具有补脾
开胃、益气清肠、
滋阴润肺的功效。

冬瓜银耳羹

🍄 食材 （2 人份）

干银耳……半朵　　冬瓜……100g　　干百合……20g

黄冰糖……20g　　清水……1000ml

🍎 做法

1. 将银耳洗净，用冷水浸泡半小时后捞出备用。

2. 将准备好的材料全部放入破壁机，加入清水，开启米糊或者豆浆模式即可。

功效： 具有疏肝清热、养阴明目、美颜养生的功效。

菊花鸡肝汤

🍄 食材 （2人份）

鸡肝……200g   菊花……10g   泡发银耳……50g   枸杞……15g

盐……2g   鸡精……2g   清水……1200ml

🫑 做法

1. 将鸡肝洗净，切块备用。

2. 将银耳撕成小朵，枸杞、菊花洗净，浸泡备用。

3. 锅中放水，煮沸后放入鸡肝过水断生后取出洗净。

4. 将鸡肝、银耳、枸杞、菊花放入锅中，加入清水小火炖煮1小时，加入盐、鸡精调味即可。

功效：具有除热
祛湿、健脾化湿
的功效。

黄瓜祛湿汤

🍄 食材 （2 人份）

黄瓜……150g　　蜜枣……15g　　陈皮……4g

赤小豆……20g　　茯苓……5g　　清水……1000ml

🍲 做法

1. 将陈皮、赤小豆、茯苓加水浸泡 20 分钟，黄瓜去皮切片，蜜枣洗净备用。

2. 将黄瓜片、蜜枣、赤小豆一同放入砂锅中，陈皮、茯苓用纱布包好一同放入砂锅加入清水后大火煮开后转小火，慢炖 2 ~ 3 小时即可。

功效： 具有清热解毒的功效。

凉拌马齿苋

🎈 食材 （2 人份）

鲜嫩马齿苋……500g　　　酱油……8ml　　　蒜瓣……16g

麻油……5ml　　　　　　盐……1g

🫑 做法

1. 将马齿苋去根、老茎，洗干净后下沸水锅焯透，捞出后用清水冲洗多次，冲干净黏液，切段放入盘中。

2. 将蒜瓣捣成蒜泥，浇在马齿苋上，倒入酱油，淋上麻油即可。

功效：具有清热、利湿的功效。

凉拌芹菜叶

🥦 食材 （2 人份）

芹菜叶……500g   大蒜……16g   炒熟的花生米……10g

糖……2g   醋……8ml   鸡精……2g

香油……5ml   盐……2g

🫑 做法

1.将芹菜叶洗净，入沸水中焯一下，捞出稍凉挤去水分，切成末后放入剁碎的大蒜。

2.在芹菜中加入糖、醋、香油、鸡精和少量的盐，搅拌均匀撒上炒熟的花生米即可。

功效：具有清热解毒的功效。

凉拌黄瓜

🍄 食材 （2人份）

黄瓜……500g　　花生……20g　　火麻油……5g　　剁椒……2g

醋……8ml　　　蚝油……8ml　　生抽……8ml　　盐……2g

精……1g　　　糖……1g

🍲 做法

1. 起锅，倒入火麻油，放入花生，炒熟即可出锅备用。

2. 将黄瓜去皮，用刀将黄瓜拍扁、切好备用。

3. 将黄瓜放入碗中，加入准备好的盐、生抽、糖、醋，放冰箱腌渍，裹上保鲜膜静置20分钟左右，锁住鲜味。

4. 黄瓜腌渍好后，放入炒熟的花生，滴上两滴火麻油，最后撒上剁椒、葱花即可。

功效：具有清热润肺、养肝明目、止咳的功效。

杏仁拌苦瓜

🍄 食材 （2 人份）

苦瓜……250g　　杏仁……50g　　枸杞……10g

香油……5g　　盐……2g

🍲 做法

1. 将苦瓜剖开去瓤洗净切薄片，放入沸水中焯至断生，捞出沥干水分备用。

2. 将杏仁用温水泡一下，撕去外皮，放入开水中烫熟；枸杞洗净，泡发备用。

3. 将香油、盐与苦瓜搅拌均匀，撒上杏仁、枸杞即可。

功效: 具有补益脾胃、安心神的功效。

荷塘月色

🍄 食材 （2 人份）

莲藕……150g 　　荷兰豆……100g 　　木耳……8 朵 　　西蓝花……5 朵

小葱……5g 　　　蒜片……8g 　　　花生油……9g 　　盐……2g

胡椒粉……2g 　　白醋……少许

🫑 做法

1. 将莲藕切片、西蓝花、木耳洗净、荷兰豆去丝备用。

2. 起锅烧水，水中加少许盐焯烫西蓝花，大约 30 秒后捞出备用。

3. 把锅中水再次烧至沸腾，加入莲藕、木耳，淋上些白醋，约 1 分钟，捞出用凉水冲透后备用。

4. 热锅凉油，加入小葱、蒜片爆香，再加入荷兰豆、莲藕、木耳翻炒均匀，最后加入盐和胡椒粉，继续翻炒均匀后即可。

功效： 具有清肝热、除烦安神、补脾和胃的功效。

芦荟油煎鸡蛋

🍄 食材 （2 人份）

香油……50ml　　芦荟……30g　　鸡蛋……100g　　盐……2g

🌶 做法

1. 将香油放入锅内加热至沸，然后将芦荟切成细片，放入滚开的香油中，炒至呈微黑色。

2. 将鸡蛋打碎，倒入锅中炒熟，加少许盐即可。

功效： 具有清热、明目的功效。

炒螺蛳

🍅 食材 （2 人份）

螺蛳······400g   花生油······20ml   盐······4g   姜······10g

蒜······25g   干辣椒······5g   薄荷······3 片   酱油······25ml

料酒······6 ml   鸡精······2g

🌶 做法

1. 将螺蛳洗净沥干水分，所有配料洗净切好备用，锅里放入比平常炒菜多一点的油，煸香姜、蒜、辣椒，接着倒入螺蛳炒熟，淋入适量料酒炒均。

2. 锅内再加入适量酱油翻炒均匀后，加入适量盐炒匀，沿着锅边倒入适量清水煮1 ~ 2 分钟后放入鸡精和薄荷翻炒均匀即可。

功效： 具有平肝清热、除烦消肿、清肠利便、润肺止咳的功效。

鸡肉炒芹菜

🍄 食材 （2 人份）

鸡胸肉……200g　　芹菜……200g　　蒜末……8g

生抽……9ml　　　淀粉……2g

🫑 做法

1. 将芹菜切小段备用。

2. 将鸡胸肉切丝，加入淀粉和适量生抽拌均匀，腌渍 10 分钟。

3. 起锅烧油，放入鸡肉丝，炒香后加入芹菜，翻炒均匀后淋入生抽，继续翻炒均匀后加入蒜末即可。

功效： 具有利咽喉、疏肝解郁的功效。

薄荷叶炒鸡丝

🍴 食材 （2人份）

鸡胸肉……150g　　薄荷叶……150g　　蛋清……30g　　淀粉……2g

盐……2g　　　　　葱末……5g　　　　姜末……3g　　　料酒……3ml

味精……2g　　　　花椒油……5ml

🫑 做法

1. 将鸡胸肉切成细丝，加蛋清、淀粉、盐拌匀待用。

2. 将薄荷叶洗净，切几刀即可。

3. 起锅烧油，油温烧至五成热后将腌渍好的鸡丝倒入油锅中滑散备用。

4. 另起锅，加底油，放入葱末、姜末，加料酒、薄荷叶、鸡丝、盐、味精翻炒均匀后淋上花椒油即可。

功效：具有清热、化痰、通络的功效。

虾仁炒丝瓜

🍅 食材 （2人份）

丝瓜……400g　　中型虾……6只　　姜片……3g　　葱段……5g

鸡蛋清……1个　　盐……2g　　料酒……6ml　　鸡精……2g

小苏打……1g　　食用油……8ml

🫑 做法

1. 将虾去壳和虾线，用少许小苏打抓匀后，放置40分钟后取出用，用流水不断冲洗至虾仁发白。在虾仁中放入盐、料酒、鸡精和适量蛋清，拌匀后用油封一下，放入冰箱腌渍2小时。将丝瓜去皮切滚刀块备用。

2. 起锅烧油，下姜片、葱段炝锅，下虾仁迅速炒至变色后迅速盛出备用。

3. 用锅内余油将丝瓜炒变色，加入少许盐，放入炒好的虾仁，迅速翻炒均匀后即可。

功效： 具有解暑热、生津开胃的功效。

竹笋炒肉

🍲 食材 （2 人份）

鲜笋⋯⋯300g　　猪肉⋯⋯150g　　香葱⋯⋯5g　　　水淀粉⋯⋯2ml

食用油⋯⋯3ml　　盐⋯⋯2g　　　　味精⋯⋯2g　　　糖⋯⋯1g

姜⋯⋯3g　　　　蒜⋯⋯8g　　　　生抽⋯⋯少许

🍳 做法

1. 将竹笋切片；肉切片，肥肉另外放置备用，瘦肉用糖、盐、食用油、生抽和水淀粉腌渍半小时；蒜拍碎、姜切片备用。

2. 起锅烧油，油烧热后放入竹笋翻炒断生，然后盛出备用。

3. 另起锅放入食用油，爆香姜、蒜后把竹笋倒进锅里，加入生抽、盐调味即可。

功效: 具有开胃、滋补、健脾的功效。

番茄鱼

🍅 食材 （2 人份）

番茄……500g   黑鱼……500g   料酒……6ml   蛋清……30ml

盐……2g   清水……1500ml   葱结……10g   面粉……少许

🫑 做法

1. 将黑鱼处理干净，鱼肉切片加入面粉和清水揉搓、清洗干净，加少许盐、料酒、蛋清拌匀，腌渍 20 分钟，鱼骨和鱼头切开备用。

2. 起锅烧油，下鱼头、鱼骨和几片姜用中火煎至金黄。倒入适量清水、葱结，大火煮沸转小火慢炖 15 分钟，将鱼头和鱼骨捞出弃用，鱼汤备用。

3. 取一砂锅，热锅凉油，加番茄块炒至汤汁浓稠状，加少许盐调味后，再倒入鱼汤大火煮沸后，加入腌渍好的鱼片煮熟后，关火。

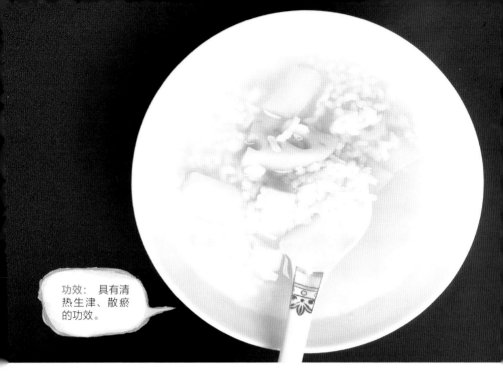

功效： 具有清
热生津、散瘀
的功效。

萝卜鲜藕粥

🎈 食材 （2 人份）

生萝卜……50g　　鲜藕……50g　　大米……80g　　清水……1000ml

🍠 做法

将萝卜洗净，切小块，与藕、大米加水同煮为粥即可。

功效: 具有利水消肿、健脾去湿的功效。

百合薏仁粥

🎈 食材 （2人份）

薏仁……30g　　　大米……30g　　　百合……6g　　　水……1000ml

冰糖……10g

🍲 做法

1. 将薏仁清洗干净后，温水浸泡1小时。

2. 将干百合用温水浸泡约15分钟。

3. 锅中加入适量清水，大火烧开后放入薏仁煮开，转小火煮10分钟后加入大米煮开后再煮约20分钟，加入百合，煮至黏稠，加冰糖调味即可。

功效：具有清热解毒、利水消肿的功效。

绿豆粥

🎈 食材 （2 人份）

绿豆……20g　　　大米……20g　　　水……1200ml　　　白糖……20g

🌶 做法

1. 将绿豆去砂清洗后冷水泡 1 小时。

2. 大米淘洗一下，以绿豆：大米：水：白糖的比例为 1：1：30：1 的用量放入锅中加盖，需留有缝隙，大火烧开后再调中小火煮 40 分钟即可。

功效： 具有养阴润肺、清心安神的功效。

百合薄荷粥

🎈 食材 （2人份）

鲜百合……10g　　　绿豆……10g　　　薏仁……20g　　　大米……30g

薄荷叶……4 片　　　莲子……10g　　　清水……1300ml

🍅 做法

1. 将鲜百合洗净，干莲子需要提前泡2～3小时备用。

2. 将莲子、绿豆、百合、大米和薏仁都放入电饭锅中，最后放入一把鲜薄荷。

3. 按下煮粥的程序等着电饭煲煮熟即可。（用明火烹制的话就用大火烧开，小火慢炖至大米开花，汤汁黏稠即可）

功效：具有消暑清热、宁心除烦的功效。

茉莉花粥

🍴 食材 （2 人份）

鲜茉莉花……60g　　粳米……50g　　　清水……1000ml　　冰糖……少许

🍲 做法

1. 将茉莉花清洗干净后备用。

2. 锅中加入清水、大米和适量冰糖，大火烧开后转中小火煮 1 个半小时。

3. 将粥煮至黏稠后放入茉莉花搅拌均匀后关火即可。

功效：具有健胃消食、化湿利水的功效。

山楂荷叶茶

🎈 食材 （2 人份）

山楂……15g　　　决明子……15g　　　荷叶……1 张　　　清水……1000ml

🍲 做法

1. 将山楂洗净切片，荷叶半张洗净切丝，同决明子共入锅中，加适量清水同煎。
2. 过滤去渣取汁饮用。

功效：具有养阴生津、润肺止咳的功效。

麦冬茶

🎈 食材 （2人份）

麦冬……3g　　　　天花粉……3g

🌶 做法

将麦冬、天花粉一同研成粗末，开水冲泡代茶饮，每服1剂，每日1次。

功效：具有生津止渴、健脾胃的功效。

苹果柠檬汁

🍄 食材 （2人份）

苹果……250g　　柠檬汁……15ml　　蜂蜜……30ml　　凉开水……300ml

🫑 做法

1. 将苹果洗净，去皮切片，放入果汁机内，再加入凉开水榨汁后过滤。
2. 将过滤后的苹果汁与柠檬汁和蜂蜜混匀即成。

功效：具有理气、健胃、化痰的功效。

玫瑰柑橘汁

🍄 食材 （2 人份）

玫瑰……15g　　　柑橘……2 个　　　清水……600ml　　　冰糖……20g

🥘 做法

1. 将干玫瑰花用清水冲洗一下，洗掉表面的尘土，柑橘去皮，切块备用。

2. 锅中放清水，煮开后，放入玫瑰花和切好的柑橘块以及少许冰糖。

3. 将锅中的水再次烧开后，稍煮片刻，关火即可。

功效： 具有消食润肺、利尿通便的功效。

白萝卜汁

🍄 食材 （2 人份）

白萝卜……1000g

蜂蜜……30ml

🫑 做法

1. 将白萝卜洗净切碎放入果汁机内榨汁。

2. 根据个人口味加蜂蜜后搅匀即可。

功效：具有止咳、消食、强心的功效。

金橘柠檬茶

🍄 食材 （2人份）

金橘……8个　　　柠檬……2片　　　蜂蜜……30 ml　　　水……800ml

🍲 做法

1. 将金橘和柠檬放入水中，加少许盐，搓洗干净，金橘对半切开，柠檬切片备用。

2. 取两片柠檬放入杯中，放入金橘，将柠檬片放在杯口上装饰，沏入热水泡开，加入少量蜂蜜即可。

功效：具有活血化瘀、消食化积的功效。

山楂茶

🎈 食材 （2人份）

山楂……30g　　　清水……700ml

🍅 做法

将山楂洗净，切片后放入锅中，加入清水大火煮沸5分钟后，取汁即成。

功效：具有养血调经、柔肝止痛的功效。

赤芍生地银花饮

🍄 食材 （2 人份）

生地黄……10g 金银花……15g 赤芍……5g

蜂蜜……30ml 清水……1000ml

🌶 做法

将生地黄、金银花、赤芍加水煮制 20 分钟后加蜂蜜调味，分 2 ~ 3 次服用。

特禀体质：爱过敏的人

给特禀体质者的饮食建议：

糯米、燕麦、燕窝、红枣、泥鳅、橘子、葡萄、杨梅、桂圆、荔枝、苹果、桃子、蜂蜜、鸡肉、猪肉、枸杞、黄芪、糯米、当归、防风、紫苏叶、金针菇、甘草、大米、山药、灵芝、西洋参等。

功效：具有活血滋补、益气补血的功效。

归芪红枣炖鸡

🍲 食材 （2 人份）

母鸡……500g　　黄芪……3g　　红枣……30g　　姜片……15g

葱段……20g　　枸杞……10g　　当归……3g　　党参……3g

盐……少许

🍲 做法

1. 将鸡清洗干净后放进炖锅中，加入葱段和姜片以及清水，大火煮沸开后撇去血沫，加入红枣、党参、当归、黄芪。

2. 用大火烧开，转小火焖煮 90 分钟后加入适量盐调味，撒入枸杞即可。

功效： 具有生津止渴、安神定志的功效。

糯米鸡

🌰 食材 （2 人份）

新鲜荷叶……一片	糯米……200g	鸡肉……100g	味精……少许
盐……少许	白果……2 个	蒜……1 瓣	香葱……2g
香菇……1 个	板栗……2 个	棉线……2 根	

🍲 做法

1.将糯米浸泡 2 小时左右，取出滤干，放入蒸锅中蒸熟。将鸡肉切成块，起锅烧油，油热后将鸡块放入爆炒，五分熟后盛出备用。

2.将大蒜放入锅中，炒熟后加入鸡块，等鸡块炒熟后，放入适量味精、盐、香葱调味备用。将香菇、白果和板栗用水煮熟后备用。

3.取出适量蒸好的糯米，在其中夹入炒好的鸡块、白果和板栗，再加入少许味精、盐调味后用荷叶将糯米包好，外用棉线捆扎，使糭米完全包裹在荷叶中。

4.将包好的鸡肉用小火清蒸，到荷叶颜色变暗，荷叶香味已可闻到时即可出锅。

功效: 具有健脑益智、强身健体的功效。

醋熘白菜

🎈 食材 （2 人份）

白菜……500g　　葱……10g　　　姜……3g　　　醋……15g

盐……2g　　　　蒜……8g　　　　干辣椒……2g　　白糖……2g

生抽……13 ml

🌶 做法

1. 将白菜洗净，葱、姜、蒜、干辣椒切好备用。

2. 起锅烧油，油热后放入葱、姜、蒜、干辣椒煸香后先放入白菜帮翻炒，炒到白菜帮变软，放入白菜叶一起翻炒。

3. 锅中依次放入醋、盐、生抽、一点点白糖，翻炒至白菜变软出锅。

功效： 具有止咳、清热、利尿、增强免疫力的功效。

肉炒花菜

🍄 食材 （2 人份）

菜花……300g   瘦肉……150g   辣椒……70g   盐……3g
生抽……10ml

🫑 做法

1. 将瘦肉切丝，菜花切片，辣椒切丝备用。

2. 起锅烧油，油热后倒进瘦肉，翻炒片刻，加入辣椒丝和盐炒匀。

3. 锅中加入切好的菜花，翻炒片刻，加入盐，将菜花炒熟，调入生抽后加一点点清水烧开即成。

功效：具有解表散寒、行气和胃、理气的功效。

紫苏蘑菇炒鸡片

🍄 食材 （2人份）

鸡胸肉……150g　　鲜蘑菇……50g　　紫苏叶……10g　　香菇……5朵

洋葱……30g　　　甜椒……10g　　　胡椒粉……2g　　干辣椒……1g

姜……3g　　　　油……9ml　　　　蒜……8g　　　　料酒……6ml

🍄 做法

1. 摘取紫苏最嫩的部分，将鲜蘑菇、香菇、洋葱改刀切片备用。

2. 将鸡胸肉切薄片，用少许盐、胡椒粉、料酒腌渍30分钟后备用。

3. 起锅烧油，将腌渍好的鸡胸肉用中火慢炒，约七成熟后盛出。

4. 锅中放入干辣椒、姜、蒜、甜椒爆香，加鲜蘑菇片、香菇片、洋葱和调味料，放入鸡片快速拌炒均匀，起锅前加紫苏叶翻炒数下即可。

功效： 具有补益中气、滋阴养血的功效。

灵芝炖乳鸽

🍄 食材 （1人份）

灵芝片……5g   乳鸽……1只   黄酒……6ml

姜片……6g   盐……2g   清水……100ml

🫑 做法

1. 将乳鸽去除内脏，清洗干净后放入盅内，加入清水没过食材即可。

2. 将灵芝片也放入盅内，加黄酒、姜片、盐等，上笼蒸至熟烂即可。

功效: 具有滋阴、润燥、润肌肤的功效。

茄汁里脊

🍲 食材 （2 人份）

里脊肉……300g　　葱……5g　　　蒜……8g　　　料酒……6ml

番茄……300g　　生抽……13ml　　盐……2g　　　胡椒粉……2g

糖……2g　　　　淀粉……少许

🍳 做法

1.将葱、蒜切末，番茄切小丁，里脊肉洗净沥干后切小指粗细的条状，加料酒、盐和胡椒粉抓至黏稠，腌渍 10 分钟后撒上淀粉抓匀，并抖去多余的淀粉备用。

2.起锅烧油，油热，下入里脊肉炸至变色后捞出，锅内油重新烧至九成热，下入里脊肉炸至金黄后捞出控干油。

3.另起油锅，下入蒜末和葱末部分爆香，倒入番茄丁，炒至出汁，加入少许生抽和糖，大火烧到冒泡时，倒入里脊肉翻炒均匀即可。

功效： 具有补肝肾、益肠胃的功效。

凉拌金针菇

🍄 食材 （2人份）

新鲜金针菇……400g　　　香菜……10g　　　生抽……13ml

麻油……5ml　　　　　　　鸡精……2g

🫑 做法

1. 将金针菇洗净，切去根部；香菜切段备用。

2. 起锅烧水，水开放入金针菇，稍煮一下就捞起，冷却。

3. 金针菇中加入生抽、麻油、鸡精、香菜拌匀即可。

功效：具有助脾健体、活血化瘀的功效。

秋葵黑木耳

🍄 食材 （2人份）

秋葵……150g　　黑木耳……6朵　　蒜泥……16g

陈醋……7ml　　生抽……7ml　　香油……5ml

🫑 做法

1. 将泡发的黑木耳、秋葵清洗后焯水捞出。

2. 将黑木耳、秋葵中放入蒜泥、陈醋、生抽、香油拌匀即可。

功效：具有养阴清热、清心安神的功效。

爽口藕片

🍄 食材 （2 人份）

莲藕……250g   小米辣……2g   姜……3g

蒜……8g   油……9g   盐……少许

🍲 做法

1. 将莲藕切成均匀的薄片过热水（水里加适量盐），捞出放冷水中浸泡备用。

2. 将小米辣、姜蒜，切末备用。

3. 将藕片从清水中捞出，控水后放入盘子把姜、蒜末，小米辣撒在上面后加入少许盐。

4. 起锅烧油，油烧至七成热后淋在盘中的莲藕上即可。

功效：具有润肺、补肾、润肠、益胃、补气、和血的功效。

灵芝银耳羹

🎈 食材 （1 人份）

灵芝粉末……9g　　干银耳……6g　　冰糖……15g

🫑 做法

1. 将干银耳加清水泡发。

2. 将泡发后的银耳用小火炖 2～3 小时，煮至浓稠后备用。

3. 取出灵芝粉末，加入银耳羹中，分 3 次服用。

功效：具有补气升阳、益卫固表、利水消肿的功效。

固表粥

🎈 食材 （2 人份）

乌梅……15g 黄芪……5g 当归……5g

粳米……80g 清水……1300ml

🍲 做法

1. 乌梅、黄芪、当归放砂锅中加 1000ml 水煎开，熬煮半小时。

2. 取出药渣后，在剩余汤汁中再加水 300ml 加粳米煮成粥，加入冰糖趁热食用即可。

功效： 具有补中益气的功效。

四神米糊

🍠 食材 （2 人份）

大米……40g	薏仁……10g	莲子……10g
山药……40g	芡实……10g	熟花生……10g
冰糖……少许	清水……500ml	

🍲 做法

1. 将莲子去心，山药去皮，熟花生去外衣备用。
2. 将材料都放入豆浆机中，加入清水打成糊状，加入冰糖调味。

功效： 具有滋阴补肾、健身暖胃的功效。

燕麦黑米粥

🌶 食材 （2人份）

燕麦……10g　　　黑米……30g　　　大米……20g　　　清水……1000ml

🌶 做法

1. 将黑米洗净，冷水浸泡3小时以上。

2. 将淘洗干净的燕麦和大米倒入锅中，再加入浸泡好的黑米和清水，按1小时粥/汤键，煮至50分钟左右。

功效： 具有和中益气、健脾润肤的功效。

木耳红枣粥

🍄 食材 （2 人份）

粳米……70g   黑木耳……15g   枣（干）……8g

冰糖……10 克   水……1300ml

🍲 做法

1. 将粳米洗净，用冷水浸泡半小时，捞出，沥干水分；黑木耳放冷水中泡发，择去蒂，除去杂质，撕成瓣状；红枣洗净，去核，备用。

2. 锅中加入冷水，将粳米放入用大火烧沸，放入黑木耳、红枣，改用小火熬煮约45 分钟至黑木耳、红枣熟烂，煮成粥后加入冰糖调味，再稍微焖片刻，即可。

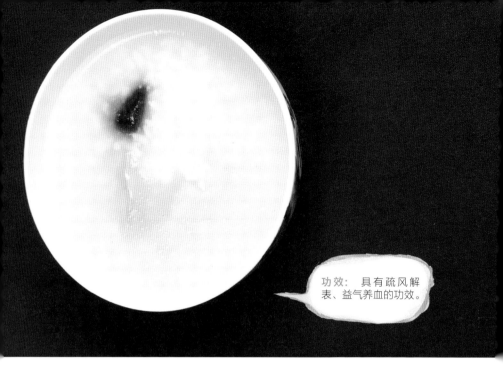

功效: 具有疏风解表、益气养血的功效。

归芪瘦肉汤

🎈 食材 （2人份）

猪瘦肉……100g	当归……20g	黄芪……10g	清水……1200ml
生姜……9g	红枣……25g	盐……3g	

🌶 做法

1. 将当归、黄芪、红枣、生姜洗净，猪瘦肉洗净，切块备用。
2. 将全部材料放进锅内，加入清水，小火煲30分钟就可以了。

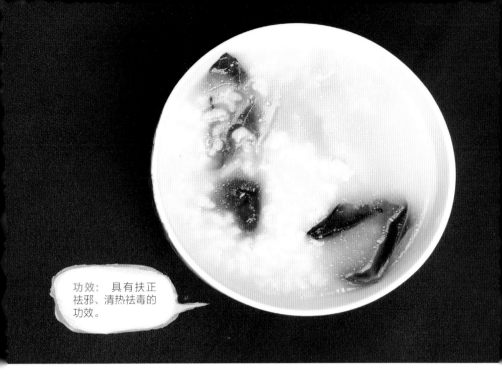

功效：具有扶正祛邪、清热祛毒的功效。

防风苏叶瘦肉汤

🎈 食材 （2 人份）

防风……15g　　紫苏叶……10g　　白藓皮……15g

猪瘦肉……30g　　生姜……5 片　　清水……1000ml

🎈 做法

1. 将防风、紫苏叶、白藓皮用干净纱布包裹和猪瘦肉、生姜片一起炖煮 30 分钟。

2. 瘦肉煮熟后捞出药包即可食用。

功效：具有补血益气、清虚热的功效。

山药鸽子汤

🍠 食材 （2人份）

鸽子……1只　　　山药……150g　　　清水……1000ml　　　姜……6g

🍲 做法

1. 将鸽子洗净、切块，焯水至变色后洗净浮末；山药切块备用。

2. 锅中放入几片姜，以及焯过水的鸽子，加清水没过食材，大火煮开10分钟后放山药，加少量盐，中小火煮20分钟，即可。

功效： 具有滋阴补气、缓解疲劳的功效。

西洋参水

🍄 食材 （2 人份）

西洋参……3g　　　清水……800ml

🍲 做法

将西洋参切片，放入砂锅内，加入清水用大火煮 10 分钟左右，趁早饭前空腹，将参片与参汤一起服下。

马苏茶

🎈 食材 （2人份）

紫苏……2g   甘草……2g

马齿苋……2g   茯苓……2g

黄芪……2g   清 水……

800ml

🫑 做法

将紫苏、甘草、马齿苋、茯苓、黄芪加清水用小火煮10分钟左右即可。

功效：具有益气固表的功效。

辛夷花茶

🎈 食材 （2人份）

辛夷花……2g   紫苏叶……6g

🫑 做法

将辛夷花、紫苏叶切碎，用沸水将材料冲泡，加盖10分钟后服用。

功效：具有疏散风寒的功效。

功效：具有增强免疫力、改善体质的功效。

扁鹊三豆饮

🎈 食材 （2 人份）

红豆……25g　　　绿豆……25g　　　黑豆……25g

冰糖……20g　　　清水……1000ml

🫑 做法

1. 将三种豆子洗净，用开水浸泡 30 ～ 60 分钟。

2. 将三种豆子及泡豆的水放入砂锅，加入清水，大火烧开，用小火煮到豆烂，加入冰糖煮到溶化即可。

功效: 具有补脾益肝、理气补血、增强消化能力的功效。

荔枝果饮

🍷 食材 （2人份）

苹果……500g　　荔枝……6颗

🦪 做法

1. 将荔枝用盐水浸泡后（目的为去除荔枝的火气），剥皮，去掉果核，备用。

2. 将苹果清洗干净，削皮，去核，切成小块，将苹果块和荔枝投入榨汁机中，搅打均匀再倒出。

怎样养菌更有效

健脾养菌贴士

贴士1：益生菌指的是可以改善、平衡人体的肠内菌群，对人体有益的活性微生物。益生菌包括乳酸菌，但并不是所有的乳酸菌都是益生菌，还有少数的不属于乳酸菌的菌株也是益生菌。

贴士2：益生菌，通过自身在肠道定植、繁衍以及与其他优势菌群的组合，来形成肠道内的有益菌群。有益菌群产生的有机酸可以增强肠道酸性；有益菌群产生的过氧化氢和天然抗生素可以减少有毒物质的产生；有益菌产生的优质环境能够杀死有害菌，从而起到增强免疫力、预防疾病的作用。

贴士3：改变肠道菌群需要时间，如果你妄图益生菌像抗生素那样快速起作用，那么从本质上就错了。

贴士4：水的温度高会影响益生菌的活力！服用益生菌时要用37℃左右的温水冲服，有利于益生菌顺利到达肠道定植。

贴士5：益生菌保存时温度要在2～8℃。

贴士6：抗生素这个"盲人杀手"不辨是非善恶，在杀死有害菌的同时也会杀死益生菌，服用了抗生素后2～3小时再吃益生菌较合适。服用了抗生素后，补充益生菌可以降低抗生素对身体产生的副作用，比如因抗生素出现的肠炎性腹泻。

贴士 7：益生菌厌氧，服用时尽量避免和空气接触。例如，给孩子吃益生菌冲剂时，一旦冲好就要尽快服用。为什么呢？原因很简单——粉末状的益生菌原本处于休眠状态，遇到水就"活过来"了。此时，就容易被空气中的氧气"干掉"，所以在它们"阵亡"前，要赶紧吃下去。

贴士 8：人体约 99% 的营养和 90% 的毒素，都需要在肠道中进行吸收和排出，益生菌能促进营养物质的吸收和毒素的排出。

贴士 9：人体内益生菌的总质量约 1.5 千克，是细胞质量的 100 倍。

贴士 10：研究表明，益生菌能够增强巨噬细胞、NK 细胞活性，增加免疫球蛋白的水平。

健脾养菌问答

1. 乳糖不耐受人群可以吃益生菌吗？吃完之后是不是就对牛奶不过敏了？

乳糖不耐受是指摄入牛奶或母乳后，由于肠道中缺乏分解乳糖的酶，乳糖在肠道中不能被消化吸收而导致的一系列腹泻、腹胀等症状，可以通过补充某种益生菌，改变肠道微生物环境来促进消化乳糖细菌的产生，从而减轻这些症状。

但吃完益生菌后会不会对牛奶不过敏了，这个不能确定，跟益生菌是否存活，肠道微生物环境能否平衡，甚至其他致敏原因是否存在都有关。

2. 益生菌应该在什么时间吃？

我认为在上午的一个时段和下午的一个时段吃最好。上午可以在9:00 ~ 11:00吃，这是脾经循行的时候。下午可以在小肠经巡行的时间吃，也就是3:00 ~ 5:00。这两个时间段吃益生菌的话，对于益生菌的消化吸收比较好，也跟中医的观点相吻合。

3. 益生菌会有依赖性吗？

益生菌本身是没有依赖性的。但是如果益生菌在你的肠道里还没有安家落户，你还没有补充到位，那么停止服用益生菌之后，之前的症状可能还会出现。就好像请了一批人帮你干活，活儿干完了人家走了，并没有留下来，是一个道理。益生菌在你肠道里只是打"临时工"，没有常驻并繁衍生息，当然也就会"人走茶凉"。

4. 益生菌真的能减肥，还是只是噱头？

是能减肥的。但是要根据自身情况选择相应的益生菌，达到肠道菌群平衡的状态，且搭配健康饮食习惯和作息习惯。

5. 吃什么可以补充"瘦子菌"？

市面上很多含有拟杆菌甚至两三种活性菌的益生菌产品，可以补充"瘦子菌"，但不要当成减肥的"灵丹妙药"，原因有两个：一、肠道菌群是一个复杂的综合生态系统，任何一种益生菌都不是越多越好，而是达到平衡才最好；二、要彻底改善体质，要健脾，脾气强健了，运化功能好起来了，才能给益生菌的存活和繁衍提供健康的内环境。

6. 菌群平衡真的可以改善皮肤吗？

是的。因为菌群平衡以后，我们的肠道和脾胃都健康了，代谢排毒好了。首先，我们的气血会好，能把营养物质固定住，去营养我们的皮肤以及身体所有的脏器，就能拥有健康，看起来容光焕发；其次，把体内真正该排出的垃圾毒素排出去，我们的身体干干净净的，毒素就不会被肠道反吸收，然后再输送到皮肤，于是我们就不长斑不长痘。

7. 小朋友多大可以开始吃益生菌？

从理论上来讲，孩子一出生体内就有益生菌了，是可以补充肠道益生菌的，但也不必盲目补充，而是根据孩子的具体情况来有针对性地补充，比如含枯草芽孢杆菌的妈咪爱。

8. 市面上那些很好吃的益生菌软糖有效吗？

只要益生菌的比例和活性没有问题，那就是有效的。其实益生菌没有什么味道，市面上一些产品只是加了一些甜味剂，或调味剂，让口感更好。

9. 益生菌可以拯救脱发吗？

补充相应的益生菌，对很多类型的脱发，比如脾虚气虚型脱发、血虚型脱发、脂溢性脱发都是有效的。

附录 1：这些行为伤害菌群和脾胃

悄悄告诉你

日常中，很多不良的生活习惯，都会诱发肠道菌群失调，其中这八点最为致命：

1. 不良饮食习惯。

2. 抗生素的使用。

3. 久坐不动。

4. 长期熬夜，睡眠不足。

5. 饮酒过量。

6. 长期抽烟。

7. 食物中缺少益生元。

8. 压力过大。

附录 2：健脾养菌食物一览表

1.肉类

羊肉、猪肉、牛肉、鹅肉、鸡肉、鸽肉、猪肚等。

2.蛋类

鸡蛋、鸭蛋、鹌鹑蛋等。

3.蔬菜

山药、胡萝卜、白萝卜、土豆、红薯、南瓜、荸荠、白菜、卷心菜、菠菜、荠菜、板栗、生姜、大蒜、白扁豆、莲藕、菜花等。

4.菌类

香菇、木耳、银耳、蘑菇、榛蘑等。

5.水果

苹果、桂圆、香蕉、梨、山楂、蓝莓、葡萄、木瓜、红枣、桃子、杏等。

6.海鲜、河鲜类

虾、带鱼、鲈鱼、紫菜、甲鱼、田螺、螺蛳、蚌肉、牡蛎、黄鳝、草鱼、鲤鱼、银鱼、大黄鱼、泥鳅等。

今天吃什么？

7. 谷物类

黄豆、小米、玉米、糯米、黑米、燕麦、荞麦、花生、豇豆、芝麻、莲子等。

8. 调味品

豆油、酒、醋、番茄酱、蚝油、豆豉、白胡椒、黑胡椒等。

9. 饮品

牛奶、水、茶、咖啡等。

10. 药材

黄芪、茯苓、山药、枸杞、红枣、当归、西洋参、红参、灵芝、芍药、防风、生地黄、金银花、菊花、山楂、荷叶、紫苏、百合、乌梅、芡实、桂圆等。